天下文化
BELIEVE IN READING

教育教養 BEP030A

親子共熬
一鍋故事湯

幸佳慧——著

父母對嬰幼兒說話，
是給新生命最珍貴的資源。
父母對嬰幼兒說故事，
更是給他們最好的禮物，
如生命之泉，
終生泊泊湧現。

目錄

第二部 寶貝，開始說故事嘍！

推薦序

把握孩子貪戀在你身邊聽故事的繾綣時光

作家 **番紅花**

這一年來，在許多咖啡廳和餐廳等公共場所，經常看到許多有父母陪伴的孩子，以智慧型手機或平板電腦，熟練的玩手遊或看網路影片，小朋友專注的眼神、親子之間沉默的時刻，讓我察覺到教養者也有所謂的「世代差異」。

回想十年前，我帶著兩個幼兒出門用餐或逛街時，智慧型手機或平板電腦這類先進科技產物還未成為主流、成熟的生活必需品，我的媽媽袋裡，為孩子出門在外準備殺時間的，往往是可咬的布書、不怕撕破的硬紙書、有趣的繪本，乃至多字的小說，那是一個幼兒的紙本閱讀時光，尚未被3C產物攻陷的養育世代，我下班以後的親職時刻，就這麼在煮飯和共讀之間忽忽遊蕩而過。

前幾天，孩子邀請他的國中好友們來家裡聚會，同學們甫進門就輕呼：「哇！你家被好多書包圍，好酷喔！」青春期孩子們的這一句輕呼，充分流露了紙本的魅力是永遠存在的。

即使大人小孩流連在社群網路的時間愈來愈長，即使人們花在深度閱讀的時間愈來愈短，但撫觸紙張、墨香溢散所帶給感官的溫柔回應，卻不是發亮發聲的螢幕能夠立即取代的。

因此，我總是不厭其煩鼓勵家有幼兒的父母，請別急著讓寶寶的眼球去追逐螢幕的快速變化。如果可以，請好好把握住孩子還貪戀在你身邊聽故事、翻翻書的繾綣時光，世間的愛書蟲很少是天生俱來的。

這一輩的小朋友在日常生活上所面臨的各種娛樂和物質誘惑，可說是人類歷史上的新高，要吸引孩子走進閱讀的世界也就愈來愈困難，父母如果能夠在幼兒階段多花點時間和心思陪伴孩子享受紙本閱讀的樂趣，不僅是成就了美好的家庭生活回憶，也為孩子日後的獨立思考能力和價值觀型塑，奠定了穩固的基礎。

本書是由長年致力於推廣親子閱讀的兒童文學學者幸佳慧所書寫，這也是國內第一本深入討論零到四歲的嬰幼兒閱讀專書。她使用「互動式閱讀法」和孩子建立了趣味十足的共處模式，使得親子陪讀既有引領、也有平等的關係。

她在書中一再強調「獨立讀者的主體性」，並且從學理、實務與範例這三個面向，讓家有嬰幼兒的父母，可以更清楚掌握親子共讀的精神與技巧。

我衷心認為這是一本新手父母必備的案頭書，我們都夢想自己的寶寶能夠泅泳文字之海、透過閱讀去探索更寬廣的世界，這本書就是一把務實打造的鑰匙。

書的內容是從一四六四年〈小西塞羅在閱讀〉的壁畫開始說起的。西塞羅是兩千多年前古羅馬時代的哲人和政治家，這幅壁畫則傳達了兒童擁有且需要自主閱讀的能力。

但願我們的孩子在臺灣這塊出版蓬勃的土地上，也都能成為熱愛閱讀的小小西塞羅，享受閱讀的樂趣，沐浴在墨香的芬芳，開啟認識世界的能力。

自序

親子共熬一鍋好湯，牽起萬里外的手

這些年來，在我推廣閱讀的經驗中，最常聽到老師與家長的問題是：「閱讀真的對孩子有用嗎？」、「怎麼讓孩子愛上閱讀？」、「原來這本書是在講這個！」、「為什麼你看得到這些深度？」、「我們如何讓自己跟孩子都有這種能力？」、「要怎麼跟孩子討論書裡的內容？」、「怎麼培養孩子成為有創意又能思考的獨立讀者？」

台灣的兒童「閱讀」，從校園內的「閱讀學習單」現蹤，又因「國際閱讀評比」披上聲勢赫赫的披風，在校園內展開競逐。由學校趕鴨子上架的結果，難免把閱讀再次推入語教框架內，淪為孩子另一個體制學習的壓力。閱讀核心的人性思維與藝術美感，一下子又被擠到暗處模糊不清了。

然而閱讀的真實面貌，是極為柔軟又浩瀚的心智活動，它本該從父母的懷中如花苞迸開舒展，從大人的手掌裡如蝴蝶翻飛而出，從孩子的口中如溪水潺潺流洩。試想，當一個小小心靈嚐到這番美好時，他必定會愛上閱讀，貪戀它的溫柔，渴望吸吮它的美麗，並愛上思考組成它的一切，從此一生不離不棄，將帶著它在宇宙間繞行、在繁星裡閃爍，也在深海裡悠遊。

我認為，當一個人擁有了閱讀的能力，就是擁有不斷「重生」的力量；前述由家長或老師提出的驚嘆與提問，關鍵的解答就是嬰幼兒時期的親子共讀。這本書就是在解釋為什麼，並告訴教養者可以怎麼做。

書的第一部由人類的兒童閱讀史談起，從東西之別、全球運動、研究實證等角度，了解嬰幼兒親子共讀的必要。我在書中不僅告訴大家嬰幼兒時期閱讀跟人的關係，也談它跟家人、社會國家與世界整體的關係。嬰幼兒親子共讀不只幫助孩子從書頁間長出主體，也培育他們具備參與世界的客體。

第二部談的是共讀的指南與方法，並以實際繪本為例深入分析，讓教養者從親子互動式對話引導的藍圖中，察覺孩子在心智發展上可觸及的層次，這份藍圖絕對可行且讓人躍躍欲試。

對一、兩歲的嬰孩來說，他們身心歸屬還在父母的懷抱裡，到了三、四歲，孩子會知道他們有個「家園」可以不斷返回。繪本中的圖畫與對話所提供的社會性交流，已在他們腦中建構新的閱讀神經迴路，得以看見在父母的懷抱之外，還有一個偌大的世界等著他們。

這種藉由互動式閱讀激發的心智發展，影響所及不只限於狹隘的識字能力，孩子還可以踩在文字與圖畫的巨人肩膀上，和廣大的世界執手言歡，從語言、認知、情緒、創意、思考、人際、社群關係等各方面，伸手探向未來。

我希望這本書能讓大家相信，嬰幼兒親子互動閱讀不但是每個孩子應享有的基本權利，更是全民的基礎建設。當前社會與世界的嚴峻考驗，其實都能回溯至此，去反思並找到樂業安居的解答。

我深深相信，當大人學會把故事湯最精華的養分留給孩子時，這個基礎建設將會四通八達，不但能拉近家人的距離，也會牽起萬里之外無數的手。這是一條看不見的道路，但卻是最溫柔而強大的途徑，就讓我們一起為孩子親手鋪設吧！

第一部

為什麼要與嬰幼兒共讀？

我們都希望孩子有良好的人際關係、
永不耗竭的想像力、自主的學習力、
充滿好奇心、勇於面對問題等好的特質，
關鍵就在嬰幼兒時期，
為孩子建立「親子共讀」的習慣。
只要真心相信，加上持續的付出與努力，
任何人都能用最有限的資源，
給孩子一生享用不盡的寶藏。

01

從
小西塞羅在閱讀
說起

在進入嬰幼兒親子共讀的主題之前，容我先邀請大家欣賞一幅五百多年前的壁畫。首先，深呼吸，靜下心來，看著這幅畫，放鬆心情去感受，再好好觀察。

這幅畫長約一・五公尺、寬一公尺，是十五世紀中期，義大利米蘭的公爵斯福爾札（Francesco Sforza）為了和另一個佛羅倫斯大城建立友好關係，打算將一棟銀行建築物贈予佛羅倫斯的大商人麥地奇（Cosimo de' Medici），因而委託義大利知名畫家波帕（Vincenzo Foppa），替建築物的天井庭院繪製的壁畫。後來這幅壁畫輾轉他鄉，由英國倫敦的藝廊收藏。

我會發現這幅畫，是因為自身藝術跟文學的學養背景，使我對藝術史上畫家如何描繪孩子閱讀的畫作特別關注。這當中，我追蹤到最早的一幅畫作，就是完成於一四六四年的〈小西塞羅在閱讀〉（The Young Cicero Reading）壁畫。十多年前，當我第一次發現這件作品時，不只立刻受到畫作氛圍所吸引，更有著考古學家從地底掘出重要遺跡、如獲至寶的興奮之情。

小西塞羅在閱讀 波帕 1464 英國瓦勒斯藝廊（Wallace Gallery）藏

讓孩子自主又自在的閱讀

畫中主角是何許人物，稍後揭曉，我們先談談這幅畫之所以在東西方視覺藝術史上別具意義，在於內容凸顯了過去從未詮釋過的「**兒童與閱讀的關係**」。

幾個世紀以前，西方繪畫作品中若同時出現「書」與「兒童」的元素，必定歸屬在宗教意涵之內，如聖母抱著耶和華看經書一類的主題，兒童在畫中只是陪襯的角色，並沒有跟書產生直接關聯。但我們可以看到〈小西塞羅在閱讀〉這幅畫裡，非但沒有天使，唯一的主角還是實實在在的兒童，就座落在畫的正中央，成為觀者唯一的視覺焦點。

畫中的男孩靠在窗邊，窗外景色遼闊宜人，幾乎可以感受到窗外柔和的光照在書頁間。

如果我們再放鬆一點，透過冥想，想像自己也坐在那個位子，擺出同樣的姿勢，雙腳自在、肩膀垂下，我相信甚至能感覺到窗外流動的空氣，正徐徐吹拂著我們的面頰。

進一步觀察畫家的構圖、用色，與主角的姿勢與面容，會發現這些元素相互呼應、確切傳達著「畫中兒童非常放鬆的享受一人的閱讀時光」此一訊息。因此，我們可以從構圖與線索合理推斷，他手上拿的肯定不是一本教人讀得戰戰兢兢的神聖經書，或需要強記死背的教科書。

雖然歐洲在進入十七、十八世紀的啟蒙時代時，童書出版已然蓬勃，西方畫家針對兒童與閱讀主題的繪畫或版畫也多了起來，但是，在啟蒙運動掀起前的文藝復興時期，在一個大城市的指標建築物裡出現如此畫作，既不依附神學觀點，也不強調君主威權，還將兒童做為閱讀的獨立主體，這件事著實是異常前衛、讓人讚嘆。雖然不清楚畫作確切的原創構思出自於誰，但委託者的授意與受託者的才華，必然都是成品不可或缺的因素。

那麼，畫中的小男孩是誰呢？他雖不是神界天仙，也非等閒之輩，正是生於西元前一〇六年古羅馬時代的傑出哲人作家——西塞羅（Marcus Tullius Cicero）。

不凡哲人的養成

據載，西塞羅從小就好知好學，年幼時，他的天賦才能就在鄉里間廣為流傳。他被後人譽為具有自由精神的羅馬政治家，屢次以律師或官員身分，挺身抵抗獨裁專制，也是羅馬最優秀的文學作家之一，死後留下大量的思想巨著，影響後人甚遠。

對於這樣一個集哲學、文學與政治素養於一身的實踐者，如果世人對他的養成過程有所好奇，我認為這幅畫的確提供了關鍵的線索。畫中的小西塞羅已經告訴我們，他與書的關係，具備了超然且獨立的主體性，是當時常民所缺乏的。換句話說，他不是受文字勞役的僕人，而是享受自在自主閱讀的主人。

五、六百年前，這幅畫已經傳達出這樣的訊息：「**兒童需要自主閱讀的能力**」。然而經過好幾世紀，這訊息才慢慢傳遍歐美大陸，來到亞洲叩門，幾度進退，卻還在路上顛簸，至今許多人對這名信差使者還抱著半信半疑的態度。

而這本書的目的，就是想要好好介紹這名信差，讓教養者相信

「兒童需要自主閱讀的能力」這件事，不僅必要且可貴，而且每個教養者都能做到，讓你的孩子變成畫中的小西塞羅。

閱讀的前身：說書講古

比起閱讀，說書講古的歷史開始得早多了，不論東西方，自古至今都有說書人的身影，他們或者孑然一身、或者挑著擔子、騎著腳踏車在樹下或廣場上賣物、賣藝兼講古。

繪製於十二世紀的〈清明上河圖〉，就出現好幾處說書人的生動畫面，畫中的說書人都是男性，聽眾也以男性成人為主，雖然偶有一、兩個兒童現身，但看起來只是跟著大人去湊熱鬧的陪客。

不過，關於兒童去說書人的場子聽故事，我們還可以找到比〈清明上河圖〉再早一世紀的記載，蘇軾在《東坡志林》的〈塗巷小兒聽說三國語〉一章清楚寫了這麼一段：

清明上河圖（局部）
張擇端
北宋 約1085-1145
北京故宮博物院藏

王彭嘗云：「塗巷中小兒薄劣，其家所厭苦，輒與錢，令聚坐聽說古話。至說三國事，聞劉玄德敗，顰蹙有出涕者；聞曹操敗，即喜唱快。以是知君子小人之澤，百世不斬。」彭，愷之子，為武吏，頗知文章，餘嘗為作哀辭，字大年。

此段話的意思是，王彭曾說過：「當街頭巷尾的孩子調皮鬧事，讓父母氣惱時，大人就會給他們幾個銅板，叫他們到說書人那裡坐好聽故事。每當說到三國故事，小孩聽到劉備打仗打輸，就會皺眉掉淚，若聽到曹操吃敗仗，就拍手叫好。這說明了故事中不論君子或小人的角色，都會各自留下影響，百世不滅。」王彭是王愷的兒子，武官出身，博覽群書，能寫文章，他去世時，我曾為他寫哀辭，字是大年。

從蘇軾的描述可知，早在宋朝，兒童已是說書講古的對象之一，當時的士大夫也看到說故事對兒童的影響力。可惜的是，東方在公眾場合說故事的風氣，終究沒能發展出專門為孩子寫故事、說故事的獨立文化。到後來，還是從西方引進了童書與閱讀的概念。

造成這種遺憾的主要原因，是東方並沒有出現視兒童為獨特個體的啟蒙思想，即使中國在十六世紀的元朝末期，開始有名為「蒙書」的啟蒙教材，兒童已有「讀書」行為，但讀的仍是教科書，其中流傳至今的有《三字經》、《百家姓》等教本，著重史事與教義的傳頌，或著是偏重孝親與道德訓誡的《日記故事》。[1]

漢文化這種將教本與兒童強力綁在一起的士大夫觀點，也清楚記錄在藝術史上。在相關的圖畫裡，兒童與書籍必定是在教室中出現，伴隨著夫子、桌椅，以及不會缺席的「教鞭子」。即使兒童離開學堂，在院子裡遊戲，也有樣學樣的演教師嚴斥與戒尺伺候的戲碼（見明朝瓷器圖）。大人如此對待兒童，兒童長大繼續複製到下一代，文化基因不斷繁衍內化，幾百年來占壓倒性的上風。

因此，真正的兒童閱讀要遲至二十世紀初，也就是各種自由思潮湧入的五四運動時，閱讀（Reading）的概念才從讀書（Studying）的主幹中稍稍解放。一九二〇年，「兒童文學」四個字才首次在中文系統裡出現。然而五四運動的挫敗與隨後的政治動盪，使得「兒童閱讀」的差使來敲了大門後，又悄悄退了回去，遂演變成我們今日看到

明朝瓷器
約1522–1566
香港天民樓藏

村子裡的私塾 張宏 明末 1649 美國歐柏林學院藏

的狀況：在漢文化的教養程序中，閱讀只是學校教育的附庸，是課外的讀物，是閒暇的零食。

出版興盛，打破階級

在西方，兒童閱讀雖然始於貴族階級，但在十七、十八世紀，資產階級興盛後，低價的出版印刷，讓童書的服務範圍大幅擴及中產階級，童書也漸漸脫離教育味濃重的工具角色，有了自己獨立的文學藝術生命。

西方除了公眾的說書活動，居家為孩童說故事的發展也很早。文藝復興後，有不少民俗學者將蒐集來的口傳故事，改編成童話故事，藉由印刷品的普及，更添大人在家為孩子說故事的風氣。十七世紀時，法國作家佩洛（Charles Perrault）將口頭傳說整理成書寫童話，裡頭已經收錄了我們現在耳熟能詳的〈小紅帽〉、〈灰姑娘〉、〈睡美人〉、〈穿靴子的貓〉、〈藍鬍子〉等童話故事。

十九世紀的法國插畫家多雷（Gustave Dore）為佩洛傳下來的童話故事集繪製插圖，書封一打開的書名頁插圖，是一位老奶奶懷裡抱著一個幼兒，身旁圍繞著六個大小不等的孩子與一個大人，鮮活記下這種專為孩子說故事的居家活動。

說書人老奶奶的膝上放著一本有插圖的書，她張嘴讀著故事給大家聽。從聽眾的眼神，看得出來他們既害怕又投入。老奶奶很可能正讀著大野狼準備要吃下小紅帽，或者藍鬍子正要密謀殺害他的妻子。為了營造氣氛，插畫家不但讓玩具木偶雙眼瞪大，也刻意讓一幅懸疑的畫掛在牆上呼應。

這張版畫透露許多訊息：它勾勒出居家說書人的魅力，也暗示了故事的吸引力勝過玩具，像畫中的孩子們為了聽故事，可以暫時拋下玩具。同時，它也明白建議購買此書的大人可以如何使用。當然，它還說出西方的親子共讀，意義不在正經八百的背誦，或出於對權威與教鞭的敬畏去學習，而在於**享受家人的親密關係，以及故事帶給人的想像與樂趣**。

這種專為孩子說故事的居家活動，讓幼兒自然而然對裝有故事的

《佩洛童話》插畫 多雷 1866

書本充滿驚奇，心生嚮往；聽故事的同時，也促發孩子學習識字的動力。畢竟，孩子雖然享受大人的仲介服務，卻不會一直甘於扮演被動角色，枯等大人有空才餵食故事，而會希望自己也有隨時翻開書頁就能汲取書中蜜汁的能力。

這份動力與能力，正是一個人日後自主學習能力的養成來源。我們若希望孩子能成為獨立自主、享受閱讀的小西塞羅，就要從說故事開始，這是幫助孩子跟書本建立良善關係的必要前導作業。

1 現存最早的《日記故事》版本，為熊大木於明嘉靖（一五四二年）的版刻注本。

02

嬰幼兒
閱讀時代
的到來

西方兒童閱讀或親子共讀的歷史淵源流長，過程有許多迷人的故事，值得我們升營火、圍成圈，說上幾天幾夜。不過接下來，要先從漫長且穩定的兒童閱讀史中，直接跳到號角響起的革命時刻。

幾個世紀以來，重視兒童閱讀的西方人仍普遍認為，孩子要有聽與說的語言能力後，才會開始聽故事，要成了有看圖識字能力的學齡兒童，才能開始閱讀。一直到二十世紀末，在訴求「兒童需要自主閱讀的能力」這條路上，人類才有了突破性的主張：**嬰兒也能閱讀，而且應該閱讀**。

「嬰幼兒閱讀」從一九九〇年代發端到此，經過二、三十年來的推廣與研究，風潮席捲全球，並快速奠定一些成果。彷彿是一群智者，預知人類世界正面臨一群怪獸競逐，得在暴風雨來襲前，搶時間打好地基，或快速播下種子似的奮力急切。嬰幼兒閱讀運動，展現了人類識讀史上前所未有的發展效率。

面臨各種大怪獸競逐

首先，當代的兒童生活受到科技大舉入侵，幾乎處於步步受逼的困境，很多父母即使百般不願，卻受制於大環境而讓步。但有遠見的人可不願放棄，連續好幾年，英國頂尖的兒童教育、心理等相關研究學者群起推動「搶救童年」的社會運動，其中一項訴求，就是要求英國父母要負起保護孩子之責，在他們七歲前的生活環境中，盡量遠離市場導向的電子螢幕。而美國小兒科學會（AAP）對於兒童與電子媒體，也有兩項清楚的政策：「不讓兩歲以下的孩子接觸任何電子螢幕產品；大於兩歲的小孩，則每天限制在兩小時以內。」

這些積極主張，主要來自多項調查帶來的警訊。當代孩子花在各種電子螢幕前的時間逐年高升，許多研究又顯示，這類改變帶來的壞處遠多於好處，包括幼兒看電視的時間多寡，與孩子入學後的霸凌、偷竊、打鬥等反社會行為成正比[2]；幼兒看電視的時間愈長，入學後的專注力就愈差。[3]

因為嬰幼兒時期寶寶會跟父母有親密的接觸，一向被視為孩子身心健全發展的黃金期。專家學者基於科學、病理與教育等方面的研究，憂心當前商業主導的社會，使得教養過於螢幕化，這種生活方式不但傷害孩子大腦與其他生理部位的基礎發展，一旦對商業性的電子產品讓步，大人小孩都將難以戒除，會嚴重影響日後的教養慣性。

再者，地球村時代的來臨，國際競爭只是眼前壓力，更值得人類關注的是世界生態、衛生與安全環境的長期隱憂，加上每個國家的政經發展緊密相連，牽一髮動全身，國際組織不斷透過各種合約簽署，以共同分擔許多食衣住行的安全需求，全球化其實是共生的責任。

儘管如此，持續擴大的貧富差距，也在動搖社會的安定度，恐怖主義威脅的陰影依舊籠罩多國，而極端氣候也隨時挑起人類的生存危機，直接重創的自然災害，與間接帶來的糧食與水源供給問題等，無不讓研究人員戒慎恐懼。事實上，科學家依人口成長與耗費資源的速度推估，到了二〇五〇年，地球上可供人類存活的資源將達到極限。

螢幕教養出來的一代，在缺乏心智品質、情感脈絡、真實情境的連結下，是無法解決當前人類困境的。

我們究竟要給下一代什麼樣的能力，讓同是地球村的村民，得以在未來面對重重關卡時，突破嚴峻考驗？這個問題已經不是自家的孩子好就好，或隔壁家的孩子好就行，得整個村子的孩子都好，且是未來的世代集體都變好才行。

閱讀，從民間起步走

面對當前無可迴避的種種難題，世上有不少深謀遠慮的智者想盡辦法，而英國有一群人找到了可以長遠應對的方法之一，那就是「嬰幼兒親子共讀」。

他們從研究、推廣、驗證，逐次擴大活動，說服更多的人相信：一個人要想擁有良好的人際關係、永不耗竭的想像力、自主的學習力、出色的溝通力、對於新知的好奇心、勇於面對問題等終身的好能力與好特質，就得在關鍵的嬰幼兒時期建立「親子共讀」的習慣。於是，英國民間組織首先發起了嬰幼兒閱讀運動「Bookstart」，中文為

「閱讀起步走」。

英國圖書信託（Booktrust）發動的「閱讀起步走」計畫，是典型的由小成大，由地方民間推及中央全民的精采故事，起初是從一項小型的學術實驗開始，逐漸凝聚眾人力量，撼動了地方與中央政府，進而成為國家的重要政策。

該計畫始於一九九二年，偉德與摩爾兩位學者受英國圖書信託委託，進行一項閱讀推廣與研究的先鋒計畫。

研究團隊跟伯明罕市的圖書館、醫療單位與大學教育系合作，共有三百個平均九個月大的嬰幼兒參與其中。兩位學者發現，親子共讀對嬰幼兒的發展甚為重要，爾後他們仍持續追蹤參與計畫的嬰幼兒，以確認共讀的長期影響。

這段期間，英國各地隨之跟進六十幾個大大小小的前導計畫，關鍵的一年發生在一九九九年，英國一家大型連鎖超市聖斯伯里（Sainsbury），注意到英國國家讀寫信託（National Literacy Trust）於一九九八年發起的「全國閱讀年」活動，因而起心動念，想為下個世紀的孩子留下珍貴資產，便找上「閱讀起步走」，決定大力支持，做為公司的千禧年計畫。這家超商熱情資助龐大的贈書經費，使得這項計畫立刻成為全國性的活動，該年有逾九成地方政府都加入贈書給嬰兒的行列。

在此同時，偉德與摩爾在三百個嬰兒的後續追蹤上也發現，參與計畫的幼兒在一九九八年進入小學後，閱讀與算術兩科能力明顯領先沒有參與計畫的孩子。兩位學者並於二〇〇〇年再發表一項長達八年的實證研究，參與計畫的兒童接受學齡前基礎能力測驗，在多個項目都顯著超越沒有參與計畫的對照組兒童，包括聽說讀寫、數學、肢體統合、表達溝通、了解環境、個人情緒、專注力等社會性的發展能力。[4]

研究也發現，在所有測試項目中，學童的「識讀能力」（默讀與朗讀）表現最為顯著，與對照組有近三成的差異；而數學與科學兩項，也有超越對照組兩成的表現。偉德與摩爾的研究證明，**嬰幼兒親子共讀的成效**，**達到所有教育要求的目標**，**影響力持續到多年後的學習表現**，成果清晰可見。

從民間的力量到政府的支持

愈來愈多得以佐證的研究陸續發表，輔以英國遍地開花的情勢下，英國中央政府在二〇〇〇年終於有了動作，教育部不但提撥部分經費，也設法尋求其他部門支持，像是文化部、媒體部、體育部，都在接下來的四年給予這項閱讀計畫援助部分經費。同時，圖書信託團隊為了擴大執行閱讀起步走，為資源整合做長期預備，於是主動跟童書出版社研擬如何大幅降低贈書禮袋預算的合作方案。

終於，二〇〇四年，當時的英國總理布朗（Gordon Brown）正式宣布，政府將支持「閱讀起步走」三階段的禮袋，包括新生兒（零到十二個月大）、學步兒（十二到二十四月大）與百寶箱（三到四歲），當時合作的出版社也答應共襄盛舉，支持延伸到七歲的贈書。

英國中央政府將閱讀起步走提昇為國家政策，有其指標性與實質性的意義。中央政府負責各大部門的統合，將司法、醫療、教育體系都納入運作。之後幾年，民間、組織與政府的合作模式逐漸形成，由政府負責提撥整個計畫總預算的兩成，其他則由出版商與相關組織來籌措，贈書計畫的對象也從嬰兒一路延伸到十一歲的學童。

英國會這麼積極，一方面是因為實施的成果證明，嬰幼兒親子共讀確實能達成中央政府要求的教育目標，而且是花費不多，卻獲得極大成效的有效策略。另一方面，英國政府終究得面對諸多的事實：向內看，國內貧富差距與多元族群帶來的社會問題不斷累積；多媒體娛樂文化持續弱化學童的識讀書寫與思考能力。向外看，時代急速變化，北歐諸國在社會、環境與教育上的成效，在在提醒他們不得不下定決心改變國家體質。

打造閱讀力與創造力

就這樣，曾經掀起世界工業革命的英國，一個世紀之後，體認到**未來的國際競爭力，已非在勞力上的賭注，而是在腦力上的投資。**而且他們明白，**所謂的腦力，得是具有源頭活水的活性腦力，這必須來自「閱讀力」的促成與「創造力」的加成。**

有了「閱讀力」，才不會受限於單一來源的知識體系，而能具備獨立思考與多元觀點。這樣的孩子，離開體制化的校園後也能持續透過閱讀有效學習，儘管碰到社會或產業結構不斷刷新變化，一個人只要擁有閱讀能力，就能隨時跟進或轉換自己的專業。

而「創造力」，是任何專業領域要突破瓶頸或推陳出新時必要的關鍵元素。創造力不但能讓精神免於匱乏，做為日常生活的潤滑劑，還往往是研究致勝或化解問題的關鍵樞紐。

毫無疑問的，這兩種能力可以大大提昇一個學齡兒童與少年在校的學習成效，但其影響力卻不會囿於校園的教室與圍牆。那麼，什麼活動能餵養幼兒的「閱讀」與「創造」能力呢？

沒有其他答案，就是接觸童書了。

啟發每一個孩子對書的喜愛

英國「閱讀起步走」的標語是「啟發每一個孩子對書的喜愛」

（Inspiring a Love of Books in Every Child）。而我認為，要理解這一句話，最關鍵的字眼就是「每一個」；要使這句口號成真，最重要的也是「每一個」。這三個字並非只是裝飾性的形容，而是一個札札實實的承諾。

觀看英國這項計畫是如何落實到每一個孩子身上，確實會讓人動容與敬佩。為了做到滴水不漏，一個都不能少，政府還啟動了國家健保系統，讓專門照料新生兒的健康訪視員先行受訓，之後他們會到有六、七個月大新生兒的家庭中，為孩子做例行的健康檢查，同時發送「閱讀起步走」贈書禮袋。訪視員會為父母解說該計畫的用意，並教授基本的共讀指南。

其他不同年紀的贈書禮袋，因工作相對簡單，便由幼兒園或圖書館等相關單位分工發送。可貴的是，他們也考量到兒童的特殊性，開發視聽障礙等特殊需求的寶寶書袋。連書袋隨附的《指導手冊》也有二十七種語言，中文還分簡體跟繁體版本，尊重各族群的誠意十足。而向來令英國頭痛的流動族群（如吉普賽、遊樂園遊牧族群），政府也想辦法觸及，就為了落實讓「每一個」孩子享有閱讀的權利。

英國閱讀起步走的新生兒書袋，由健康訪視員於首次健康檢查中發出。

偉德與摩爾在二〇〇〇年的後續觀察中，針對兩歲到三歲的幼兒之親子行為，做對照研究，確實發現了顯著的差異。父母買書當禮物送孩子的比例大幅提高，本來被電子產品拉走的幼兒，開始將親子共讀視為他們喜愛的活動。父母也因為參與計畫，大幅改善閱讀的互動品質。

經過幾年的努力，英國社會的體質悄悄改變了。社區多了許多閱讀相關的活動，娃娃車最常去的地方，除了公園，就是圖書館。圖書館裡嬰幼兒書籍借閱數量也逐年飆高，全國嬰幼兒有登記借書的比例超過八成，締造了史無前例的紀錄。

家庭氣氛也變得不一樣了，父母把閱讀當成日常生活中重要的例行事項，還會固定上圖書館或書店，把原來花在嬰幼兒玩具或衣物上的經費拿去購買書籍。不僅父母改變，所有家庭成員也受到影響，爺爺奶奶、外公外婆帶孫子去圖書館參加活動時，也會把年紀大一點的哥哥姊姊帶著，大家都跟著寶寶一起參與各種閱讀活動。

英國圖書館的普及程度跟閱讀風氣本來就高，公共場所如地鐵、公園、餐飲店，隨時可以看到人們拿著書閱讀，不分老少。但是，這

兩到三歲幼兒之親子行為對照研究

親子行為	參與組（Bookstart）	非參與組（non-Bookstart）
幼兒視閱讀為他們喜愛的活動	68%	21%
父母會將書當作禮物送給孩子	75%	10%
父母讀完整本書	83%	34%
跟孩子討論故事	64%	24%
鼓勵孩子參與分享	43%	27%
鼓勵孩子做預測	68%	38%

（偉德與摩爾，二〇〇〇）

個活動再度將閱讀人口的年齡往下拉，也有效改變了中低收入家庭的生活型態。你可以想像，一個住在富麗別墅的家庭，跟一個住在社會住宅的勞工家庭，兩個家庭所收到的禮袋是一樣的，獲得的訊息也是一樣的，因此他們的孩子在一開始都被賦予了同樣的學習機會。

這計畫在尊重各個族群、落實公平機會的背後，也同時有效凝聚了人民對英國文化的認同。因為寶寶們閱讀同一批書，經歷類似的活動，這些都會成為共有且龐大的世代記憶。相對的，英國的出版社跟創作者也因為這個計畫有了強有力的後盾，得以盡情發揮，一時間英國的幼兒書大量產出，相關童書獎項也紛紛成立。

這項計畫可以說活絡了英國整個上中下游的文化系統，運轉範圍之大，帶動力之強，隨時隨地都在醞釀驚人的影響力。施行十幾年下來，「閱讀起步走」推廣團隊每年都會定期發表各地方的相關報告與統計，每份報告都讓大家知道努力的成果有所回報。

英國會如此破釜沉舟辦理這項學齡前的全民活動，其實設想非常寬廣深厚。他們明白，當每個幼兒從有趣、充滿想像的互動閱讀活動中，逐漸建立獨立思考與終身的自主學習力時，這也間接處理了家庭因經濟、族群、階級差異所帶來的學習成就落差，進而讓社會朝著更公平正義的方向發展。

他們不只拓寬，也要掘深，因此在篩選書籍時，會顧及少數族群與多元文化，也發行了多國語言的手冊與建議讀本。但同時，相贈的書目必定以英國本國的創作者為主，這是為了強化世代的國家認同，使英國孩子對自己的文化、創作者有強烈的共同記憶與認同感。他們相信，這份力量在當下或初期雖看不見，但每個世代在長大成人之後，都將在各自的生活與專業應用領域之中，逐一產生強大的凝聚力量。

珍貴的是，英國深知這種提昇不該僅限於自家國人，於是大方開放計畫內容，邀請各國相關組織共同推動，以期與全世界一起向上提昇。這項免費贈書的嬰幼兒閱讀推廣計畫，很快就遍及世界五大洲，有超過三十幾個地區單位的成員，針對各自的資源，執行類似的推廣活動。

現在，讓我們再想想這句「啟發每一個孩子對書的喜愛」，是否發現它的面相已大不同？一個本來不起眼的口號，是否正閃現著耀眼

閱讀起步走在世界不同國家各自發展出的類似計畫。

的光芒呢？

這就是我想讓大家了解的，事實上，活動口號的理想不只溫柔萬千，也雄心萬丈：

✽ 建立穩定而良善的親子關係，打下人際互動的基礎。
✽ 奠定基本認知能力，從語言發展到對世界負起責任。
✽ 給予孩子想像創作的溫床，使他們好奇心永不枯竭。
✽ 給世代共同的生命記憶，讓國家社會文化有向心力。
✽ 奠定每個孩子的自主學習能力，追求更公平的社會。

說到這裡，再回想一下人類書寫閱讀的歷史。「閱讀」從原本專屬於宗教與貴族的特權，到教育體系外的課餘休閒讀物，或中產階級的消費項目，到如今因著眼於國家發展與人類共同福祉的目標而成的幼兒基本權利。

這樣的演變，怎不教人感到讚嘆與驚奇！

澳洲　韓國　日本　台灣　泰國　印尼　西班牙

臺灣一起閱讀起步走

二〇〇五年，臺灣的信誼基金會引進了「閱讀起步走」，集合地方政府之力，先在臺北、新北、臺中等縣市實施，在幾個鄉鎮圖書館的推廣成效斐然。基金會也陸續協助諸多有意願的地方圖書館，建制嬰幼兒閱讀環境，並提供館員與志工相關培訓課程，功勞甚大。

我在英國求學期間，就因勤跑圖書館，常親身體驗嬰幼兒閱讀活動；二〇〇九年，我陪伴兩位英國教授回臺演講，其中一位金蕾諾（Kim Reynolds）是我的指導教授，她曾任英國圖書信託的主席，也是「閱讀起步走」的委員會委員，因此信誼基金會希望金蕾諾能在臺灣舉行演講。我因擔任翻譯之故，一起參觀臺灣幾個優良示範圖書館，進一步認識了閱讀起步走在臺的發展狀況。

二〇一一年，在我學成歸國後，回到家鄉臺南和一群朋友成立「葫蘆巷讀冊協會」，我在說明大會上傳達計畫的原始精神與內涵，以及我想在臺南如何落實這些理想與藍圖。時任臺南市立圖書館的館長葉建良瞭解之後，便希望我們日後能協助圖書館嬰幼兒閱讀的軟硬體規畫與培訓。就這樣，嬰幼兒閱讀成為我們協會推廣的工作重點。

後來，葫蘆巷讀冊協會在年底接手委外經營南市圖兒童圖書館，重新整修過後的兒童圖書館內，設有零到三歲嬰幼兒的閱讀區，這讓業務的推行更為順利。我前後為圖書館規劃三年的嬰幼兒志工培訓，除了招募並培訓一、兩百名志工，也協助他們在臺南各圖書館分館的星期三早上舉辦嬰幼兒說故事活動。

志工們剛開始上課時，都對嬰幼兒閱讀充滿疑惑與不解，等他們了解活動的意義並習得基礎技能後，都迫不及待想帶著熱血去撒種子。

這些志工上完培訓課，會先找學員與家人一次次演練實習，才正式到圖書館服務。由於嬰幼兒的反應不如互動性高的三、四歲孩子，許多學員前幾次執行任務時，即使眼前只有兩、三對親子，他們仍相當緊張，往往講完故事才發現全身汗水淋漓。

有趣的是，南市圖分館剛推出嬰幼兒說故事活動時，因為市民尚未了解嬰幼兒閱讀活動，來參與的觀眾往往只有志工自行帶去的幼兒。但他們一邊歷練，政府與組織一邊推廣，短短一、兩個月後，每

兩位英國教授到臺中參訪實施閱讀起步走成效良好的圖書館。

故事志工第一次到善牧臺南嬰兒之家帶領嬰幼兒閱讀活動。

在委外經營的臺南森林兒童圖書館時期，我也針對特殊需求的孩子開辦小星星說故事時間。

臺南市圖書館為推廣嬰幼兒閱讀，拍攝影片宣傳。

回嬰幼兒說故事時間已能聚集到二、三十人。後來幾個新建的分館落成，因場地設計都顧及嬰幼兒說故事的需要，空間寬敞舒適，更常有一場聚集了五十到八十人的盛況。

以往，臺灣圖書館給人的印象，不外乎年輕學子的K書中心或老人讀報的地方。但是現在，圖書館有了年輕父母帶幼兒加入的身影，也陸續增建母嬰親善的哺乳室，功能跟氣氛都大不相同，可說是真正落實「從小」培養閱讀習慣的場所了。

擴及弱勢家庭

嬰幼兒故事志工披荊斬棘的種種經驗，是一個個荒漠湧泉開花的故事。

由於我時常跟志工解說幼兒早期語言發展的重要性，有些孩子因為身世，不幸錯失學習良機，因而影響日後的機會。這些志工因此受到鼓舞，也定期深入像善牧臺南嬰兒之家、瑞復益智中心等慈善社福機構，帶領嬰幼兒閱讀活動。

我永遠記得二〇一二年十一月，我與十幾個故事志工，第一次來到善牧臺南嬰兒之家時的情景。當時，工作人員協助每個志工抱著一個幼兒，來到院子裡，由於這些嬰幼兒沒看過這麼多人，也從沒看過書，剛開始都顯得不知所措，甚至感到不安。志工們用溫暖的肢體與聲音，傳達友善與喜樂，大家隨著帶領人哼兒歌，拉著孩子的小手跟著唱遊。

帶領人先一邊說唱、一邊翻書，讓孩子們看到書裡的圖案，感受到團體的互動後，再讓孩子觸摸書本。

我在旁邊細細觀察，孩子的臉龐從驚慌、茫然不解，接著臉上線條逐漸柔和，最後更是展現了驚奇、好奇與欣喜的眼神。他們經歷了肢體唱遊，看到豐富鮮豔的圖案，等觸碰到書時，無不好奇，每個娃娃都對著書翻了又翻、看了又看，小嘴巴也開始發出「咿咿呀呀」的聲音。

那一天，我們連續做了兩梯次唱遊說故事活動。我不僅觀察嬰幼兒，也觀察故事志工。我知道志工們跟我一樣內心激動，大家看著數十個嬰幼兒從怯懦封閉到展開笑顏，著實感受到親密的互動式閱讀體驗，對嬰幼兒情感與心智的影響，是如此難能可貴；對於孩子平時缺乏這樣的互動機會，也相當不捨。

這樣的體驗對大人小孩都具有極大的衝擊，以致於當兩方要分離時，嬰幼兒被嬰兒之家人員抱回娃娃床後都嚎啕大哭，站在窗口的志工們也忍不住掉淚。

善牧嬰兒之家主任與工作人員看到孩子們從未有過的反應，與院子裡從未出現過的歡樂齊唱，對於我們的加入充滿興奮與感激。幾個月後，院方更觀察到寶寶們的表現跟院裡的氣氛都變得不一樣了。每週帶領嬰幼兒閱讀的志工活動，至今仍持續著。

故事志工原本連嬰幼兒閱讀都沒聽過，當然也不知道可以對自家寶寶說故事，但經過一點一滴的理解，一次一遍的經驗，他們不但照顧了自己的孩子，也愛己及人，讓沙漠下了甘霖、長出青草，處處有綠洲。看著自己孩子與社區的改變，他們真心懂得：閱讀，是給孩子最珍貴的禮物。

《寶寶的家》
文／洪淑惠；圖／劉彤渲
科寶文化（2013）

臺南市「零歲閱讀爬爬Go」創作繪本，是臺灣第一本專為零歲寶寶編製的作品。

在地多元的自製嬰幼兒繪本

英國發起「閱讀起步走」活動，計畫深謀遠慮，其中「在地文化認同」是做得相當扎實的一環。二〇一二年，臺南有幾位文化圖書推廣官員與委員們也有此前瞻共識，使得當地的嬰幼兒閱讀推廣有了突破性發展，臺南於是成為臺灣第一個自製嬰幼兒繪本贈書的縣市。

由於臺灣各縣市實施這項贈書計畫以來，選擇的贈書大量仰賴外國幼兒書籍，臺南市自製贈書的創舉顯得別具意義。《寶寶的家》和《謠啊搖，心肝寶貝》充分體現了在地與多元文化的意義，前者有府城的建築街景、黑面琵鷺、虱目魚養殖、芒果等景物生態；後者收錄臺語、西拉雅、印尼、排灣、阿美、客家、越南、華語、布農等十種語言的童謠。

故事志工拿著在情感與認知上有著強烈認同感的繪本，跟寶寶與媽媽們分享，講起故事來不僅特別自在，臉上表情也與有榮焉，聽故事的親子也更有反應。而《謠啊搖，心肝寶貝》一書也提醒講者與聽者，在說故事與聽故事時，要隨時注意尊重不同族群的主體性。

《謠啊搖，心肝寶貝：零歲寶寶的第一本多語兒謠》圖／馬里斯；總編輯／葉建良；臺南市立圖書館（2013）

我回臺後參與推廣閱讀的兩、三年間，除了致力於志工培訓課程，也協助規劃拍攝三部嬰幼兒閱讀推廣影片，並參與上述自製書籍的編審，也常到各區圖書館演講，分享親子共讀的概念跟方法。由於我在市府圖書館規劃的培訓特別強調嬰幼兒互動式閱讀，因此奠定臺灣在嬰幼閱讀志工培訓的帶讀新方式，我們的培訓與志工帶領法也成為國內首波相關研究的對象。[5]

在推廣的過程中，除了持續將英國母計畫更深層的意義帶出來，我也同時和成大心理系的師生進行幼兒繪本閱讀方法的研究。我們帶學生進入幼兒園實際操作不同說故事方法的成效，這讓我從研究教學、推廣實踐中相互印證「互動閱讀」的重要。我因此更確定，台灣長久以來使用的傳統說故事方法急需灌注新的思維。

雖然臺灣的「閱讀起步走」一開始由民間單位促成，官方接手也漸次擴大規模，但有些單位仍不了解英國計畫背後深遠的目標，不明白經由全面性的建立觀念、方法與發送機制，來落實每個孩子的閱讀權利之必要性與重要性。

我們不得不承認，若推廣只側重在送書的形式與噱頭，只會淪為一場西施笑顰、張燈結彩的遊行，大眾爭相領了獎品便各自回家，並不知獎品所謂何來。然而，在我分享了英國嬰幼兒閱讀計畫的初衷與實施情況後，你我應該都會同意：臺灣可以努力的空間還很大。我希望所有讀了這本書的朋友，都能成為關鍵的一份子，一起慢慢邁向目標。

---

2 A. Parkes, H. Sweeting, D. Wight, M. Henderson. Do television and electronic games predict children's psychosocial adjustment? Longitudinal research using the UK Millennium Cohort Study. *Archives of Disease in Childhood*, 2013.

3 Christakis DA, Zimmerman FJ, Di Giuseppe DL & McCarty CA.Early Television Exposure and Subsequent Attentional Problems in Children. *Pediatrics*, Apr 2004;113(4), pp.708-13.

4 偉德與摩爾進行一項前後長達八年的追蹤研究。Wade, B. & Moore, M. An Early Start with Books: Literacy and Mathematical Evidence from a Longitudinal Study, *Educational Review*, 1998, v50 n2 pp. 135-45. Wade, B. & Moore, M.A sure start with books. *Early Years*, 2000, pp. 39-46.

5 劉怡君，〈非營利組織領導者的公共服務動機研究：以臺南閱讀起步走Bookstart為例〉，國立臺南大學行政管理學系碩論，2013。
盧怡方，〈寶寶來聽故事：故事老師與嬰幼兒進行團體共讀之樣貌〉，新竹幼兒教育系碩論，2014。

03

閱讀的影響力超乎想像

——更多的研究與實踐

關於嬰幼兒閱讀，我們還可以怎麼理解它？以下提供一些跨領域的研究與實踐讓大家進一步了解。

從一九六〇年代以來，發展心理學對幼兒教養有著突破性的影響，早期培育逐漸受到教育界的重視。其中，嬰幼兒時期的親子互動關係，對孩童往後在情緒、精神、社會性等特質的形塑尤其受矚目。

相關研究在在說明父母參與教養的質與量，與孩子成長過程的抗壓性、自我控制、自我導向學習、心智健康、包容力、人際關係等向度，都有著正向的緊密關係。連父母跟孩子說多少話、如何跟孩子說話，都直接影響他們的腦部發展，並在日後的學習能力上扮演關鍵角色。

這些發現大幅改變早期人們認為聰明才智是遺傳或不可改變的看法。過去，人們習慣將事情做得好的孩子視為天生聰明，做不好的孩子則是生性駑鈍。但科學研究告訴我們，兒童早期的成長環境對他們認知發展的影響，超乎我們想像的關鍵。

主動性學習與文學性語言

美國的幼兒閱讀長期側重在幼教系統，施行者藉此提昇幼兒的語言能力，也間接改善貧富差距的問題。美國有一項著名的「高瞻」（HighScope）學前教育，是凸顯「兒童主動參與並計劃」的學習法，這計畫從一九六〇年代實施以來，後有「高瞻培瑞學前教育研究」針對實施後續做追蹤，研究者長期紀錄參與者於三歲接受早期介入教育後，在進入小學以及成人後的經歷，跟其他未參與計畫的人有什麼差異。

結果發現，這群「高瞻兒童」進入學校後，在語言認知、聽說讀寫、行為表現、接受高等教育等項目的表現與比例，都明顯優於對照組。最近一次於二〇〇五年的研究報告，這群人到四十歲後，各項表現也持續明顯優於對照組，包括教育成效、工作職業、經濟成就，以及免於犯罪的紀錄等。[6]

這項歷時近四十年的追蹤研究想要證明的是：給予孩子「主動學習能力」的幼兒教育，才是給孩子基本的終身保障。好的早期介入，可以扭轉每個孩子因出身帶來的侷限，盡可能發揮個人潛能，而強化語言能力跟進行閱讀，都是這些早期介入的重要項目。

二〇〇一年，美國布希總統簽署一項名為〈沒有一個孩子該落後〉（No child left behind）的聯邦法案，期望每個孩子都有充分實踐人生的機會，這個法案的其中一項措施，是教育部執行的「幼兒閱讀尖兵」（Early Reading First）計畫，其內容即是大量仰賴「高品質文學環境」與「大量閱讀活動」的幼兒教育。

這個計畫，在二〇〇三到二〇〇八年間共編列了兩百一十億臺幣的預算，施行對象為低收入戶家庭三到四歲的幼兒，目的在於提昇他們進入學校後的基礎學習能力。數年後，追蹤實施成果的研究顯示，參與「幼兒閱讀尖兵」計畫的小孩，三年後在識字、理解等多項閱讀與語言的能力，成果顯著，甚至大幅優於美國政府早先為提昇低收入家庭的幼教福利、已實施了數十年的「先鋒計畫」（Head Start）的小孩。[7]

由於學者發現家庭經濟的差異，在孩子進入國小時的學習態度與能力上，已造成明顯落差，因此在幼教中特別強調「說故事」的比重與品質，正是希望透過閱讀活動來補齊幼兒前期的落差。許多研究也都證明，學齡前兒童經由教室內「互動式閱讀」刺激開口說話與識字，能明顯改善語言能力。[8]

二〇一二年，美國發表一項長期追蹤近四千個孩子的研究，發現孩子在升上四年級前，閱讀能力若不達熟練標準，日後無法從高中順利畢業的比例是熟練讀者的四倍之高。若孩子閱讀能力不足，又處在貧窮環境中至少一年，那麼高中肄業的可能會提高到六・五倍，而長期處在貧窮環境、閱讀能力又不足的孩子，高中輟學的可能會提高到近九倍。[9]

啟動閱讀之鑰：語言能力

閱讀能力來自語言能力，是從口語的單字語音辨識，到視覺的單字字形辨識，再到整合語詞、語句、語法，上下文等綜合的識讀理解能力。研究結果不斷告訴我們，閱讀能力直接影響孩子日後學校學程的學習，許多學者因此想進一步找出造成日後懸殊差異的起始因素，而他們一致發現：閱讀能力必要的語言發展，在嬰幼兒時期的家庭環境，已種下了決定性的成因。

關於不同家庭背景造成孩子語言能力的差異，美國有一項令人警惕的重要研究。哈特跟萊斯利兩位學者追蹤紀錄家有新生兒的家庭，共有來自三種不同社經地位的四十二個家庭。他們發現這些孩子在四歲時，出生於父母從事專業工作的家庭，比靠社會福利支持的家庭孩子，足足從父母那裡多接觸到三千多萬個單字。[10]

研究統字數字如下：孩子來自父母從事專業工作的家庭，每小時聽見四八七個英文單字。孩子來自父母從事勞力工作的家庭，每小時聽見三〇一個英文單字。孩子來自父母依靠社會福利的家庭，每小時聽見一七八個英文單字。他們定期錄音分析，追蹤至一年，最多與最少一組的平均值比較，差到三百萬個單字。四十八個月後，也就超過三千萬個單字了。

而受測孩子三歲時測得的字彙能力也差別甚大。兩端孩子的字彙能力，在三歲時，就已經差了一倍之多：孩子來自父母從事專業工作的家庭，一一一六個英文單字；孩子來自父母依靠社會福利的家庭，五二五個英文單字。數據實在驚人。

他們也發現，孩子語言字彙量的多寡，明顯連結到智商指數的高低。六年後，他們再度追蹤這些年齡已達九到十歲的孩子，發現他們三歲時的語言表現，跟他們現在的語言技巧以及學校成績也呈現正相關。也就是說，嬰幼兒語言環境的豐富與貧乏，在日後智力發展與學習能力上已做了關鍵性的差別注記。

近年來，史丹佛大學心理系的研究也進一步確認，家庭經濟背景影響孩子字彙量，其實從幼兒十八個月大就開始有顯著的差異。[11] 佛娜德教授發現了更細微的關聯，那就是語言環境的優劣，直接造成幼兒腦部處理語言的「速度」，而這個速度則奠定日後學習能力的差異。

與真人互動才是孩子習得語言的關鍵

語言環境之所以這麼重要，是因為字彙語言乃是協助人類腦部發展學習與思考的基本單位。嬰兒剛生下來時，腦部尚未發展完全，頭幾年仍是積極的生成狀態，但在四足歲前，腦部就會完成百分之八十五的發展。而這一百億個神經細胞的長成狀況，打下了人類思考與學習的關鍵基模。

語言學家與腦神經科學家一致同意，人類學習新語言的能力在七歲以前是高峰，之後就如溜滑梯一樣急速下滑。一歲以前的嬰兒腦部，對不同語言系統有著極富彈性且開放的學習能力，就像一部精算電腦，會分辨語言的聲音系統，對語言特色予以分類與分析，並對應出他們對該語言應有的敏感反應。

而且，真實人類的語音跟電腦數位的聲音，對嬰兒的語言學習效果也截然不同。研究者發現，一歲以下的嬰兒若經由真人以說故事互動讓他們接觸第二語言，學習能力跟母語對照組的嬰兒幾乎相等。但如果是經由電視或有聲錄音帶給他們等量的刺激，卻沒能顯示有任何學習的跡象。[12]

換句話說，包含社會性互動的真人語音，才是嬰兒習得語言的關鍵所在。**真人賦予情感的聲調、肢體、表情、往返互動的語言環境，才是嬰幼兒腦部應該攝取的食物**。如果小腦袋在發展早期處於長期飢餓或營養不良的環境之下，孩子雖然可以存活下來，但日後在學習上必定會經歷極大的困境與挑戰，而且恐怕難以達到他原本可成就的智性潛能。

說話不只要量多，也要質好

關於早期語言環境、腦部發展、學習能力息息相關這一點，的確值得我們更謹慎的省思，現代父母常擔心自己孩子是否有「發展遲緩」或「學習困難」的問題，有些遲緩與障礙來自天生的生理病變，有些則是個別生理差異，但從上面的數據可知，有很大的比例其實來自於後天的環境。

後續研究確實發現，許多有語言發展遲緩或學習障礙傾向的孩子，問題並非出自於生理層面，而是父母在家使用的語言出了問題，除了父母在家中很少跟幼兒說話互動外，語言的模式與品質也甚為關鍵，例如父母對孩子若多半使用命令句、祈使句、禁止句，便會嚴重妨礙孩子表達的動機。

這類父母即使在家有「說故事」活動，語法也會限於父母習慣的固定句型，相對少用正向的、鼓勵的、抽象的語言。這種長期生活的無形累積，會讓孩子變得不愛表達，語言能力便只停滯在標示物品的名稱單詞上。而有限的單詞，因無法組成各種句型，也就無法讓孩子進行充分的理解與思考了。

嬰幼兒腦部的神經元，會隨著外在環境的刺激同步長成形塑。也就是說，父母跟孩子說話的時間與方式，已同步幫幼兒的腦部設計出發展的軌跡。因此，父母和嬰幼兒說話的學問，不只是「多說」，也是「如何說」的問題。

從語言看，每個父母都是孩子第一個也是最重要的幼教老師，他們用什麼樣的語言以及怎麼跟孩子說話，已為孩子烙下深刻的幼兒教育成效了。

6 L. J. Schweinhart. *Lifetime effects: The HighScope Perry Preschool study through age 40*. (Monographs of the HighScope Educational Research Foundation) 2005. Ypsilanti, MI: HighScope Press.

7 Vukelich, C., Buell, .J.,& Han, M. Early reading first graduates to kindergarten: Are achievement gains enduring? In M. McKenna, S. Walpone, & K. Conradi (Eds.) *Promoting Early Reading: Research, Resources and Best Practices*, 2010, pp. 232-248). New York, NY, Guilford Publications.

8 Wasik, B.A. & Bond, M.A. Beyond the Pages of a Book: Interactive Book Reading and Language Development in Preschool Classrooms. *Journal of Educational Psychology*, 2001, *93* (2), pp. 243-250. 這是約翰霍普金斯大學的研究，針對低收入戶的四歲幼兒，進行互動閱讀的實驗組幼兒，在進行十五週的實驗後，字彙與語言能力明顯優於對照組。

9 Double Jeopardy. How Third-Grade Reading Skills and Poverty Influence High School Graduation. Baltimore: The Annie E. Casey Foundation, 2012.

10 B. Hart & T. R. Risley. The Early Catastrophe: The 30 Million Word Gap by Age 3, *American Educator* 27 (1), Spr2003, pp. 4–9.

11 A. Fernald, V.A. Marchman, & A. Weisleder. SES Differences in Language Processing Skill and Vocabulary Are Evident at 18 Months. *Developmental Science* 16 (2) 2013, pp. 234–48.

12 華盛頓大學學習與腦科學學院的庫爾教授（Patricia K. Kuhl）進行的研究，針對母語是英語、日語與中文不足一歲的嬰兒做實驗，發表了這些觀察結果。Patricia K. Kuhl, Brain Mechanisms Underlying the Critical Period For Language: Linking Theory and Practice. *Human Neuroplasticity and Education*, 2010, pp. 33-59.

04

從醫療系統
串連到
圖書館系統

先前，美國推動的幼兒互動閱讀，重點一直放在三到五歲孩子的教學法與改善貧窮的幼教政策。直到二〇一四年六月，才有了重大改變：美國小兒科學會首先跟進英國「閱讀起步走」的概念。他們發布新政策，主張「識讀推廣是小兒科初級照護必要的一環」，[13]明確將幼兒閱讀年齡降低到嬰幼兒階段。

美國小兒科學會主張，每個小兒科醫生在初次見到新生兒父母時，就要清楚建議他們在家進行嬰幼兒閱讀，帶孩子熟悉書本、大聲朗讀、指著圖畫說話等。小兒科學會大張旗鼓製作各種宣傳，告訴父母關於嬰幼兒閱讀的訣竅與注意事項，強調情感投入、習慣建立、說讀唱應用、鼓勵孩子反應等，做法跟英國的閱讀起步走如出一轍。如此慎重發布新主張，主要論述基礎引用了全國兒童健康的調查報告。該報告針對家有零到五歲幼兒的家庭調查，家中收入超過聯邦貧窮門檻百分之四百以上的美國家庭，只有六成每天進行閱讀活動，而低於貧窮指標百分之一百的家庭，只有三成四每天有進行閱讀活動。換句話說，在美國，即使是富裕家庭都缺乏有品質的親子活動。

他們觀察到現代父母因時間和體力限制，讓幼兒大量接觸電子媒體，使他們被迫成為被動接收體。親子捨棄有品質的親子互動，以至於孩子在社會性的情感發展，以及語言識讀的刺激方面，都出現嚴重的偏廢與匱乏。這在幼兒大腦發展的關鍵時期，無疑是一大隱憂。

嬰兒車塞滿圖書館

早些年，在英國的閱讀起步走計畫掀起全球嬰幼兒閱讀風潮時，大西洋另一頭其實也感受到波動。二〇〇四年，美國的公共圖書館協會就推出「每個小孩都能閱讀」（The Every Child Ready to Read）的訓練計畫給各圖書館，希望讓幼兒閱讀的風氣普及社區與家庭。後來，經過美國小兒科學會的推波助瀾，嬰幼兒閱讀才在這幾年風行起來。

這幾年，美國各大都市的兒童圖書室湧現大量的嬰幼兒閱讀活動，二〇一四到二〇一六年間，我居住的波士頓與紐約兩大城市的各圖書館，漸漸有二〇〇四年到二〇〇九年間，我在英國倫敦與新堡等城市看到的盛況。二〇一五年，我搬到紐約後，更碰上了圖書館嬰幼

紐約市總圖，幼兒區外到處流竄的娃娃車。

曼哈頓下城的貝特瑞公園（Battery Park）市圖分館，嬰幼兒說故事活動早上十一點半才開始，圖書館還沒開，等著進門的娃娃車早已大排長龍。

貝特瑞公園市圖分館，嬰幼兒說唱故事限額五十對親子，有各種族群的親子參與，說故事人一邊拿書一邊唱謠，氣氛非常熱絡。

兒說故事推廣的高峰。

紐約曼哈頓島上各圖書館分館，只要一到嬰兒（零到十八個月大）與學步兒（十八個月到三歲）的晨間說故事時間，館外就擠滿推著嬰兒車的父母等待排隊進場，由於人數太多，不少圖書館甚至得提前一天發出號碼牌或增設場次。

你們或許難以想像，光是鄰近我家的羅斯福小島分館，圖書館兒童區的總坪數不到十坪，但一星期的嬰幼兒說故事時段就有三場，除了嬰兒、學步兒，還有大聲讀（三歲到六歲），有時會外加「敏感小孩」場次（專門給語言遲緩、學習障礙、自閉傾向的幼兒），一個月下來，就有十幾場專門給嬰幼兒說故事的活動。每場活動期間，兒童區都水洩不通，常有父母抱著小孩站在場外一起參與。

而位在四十二街上、有著兩頭大獅子駐守的紐約市總館圖書館，從二〇一五年到二〇一六年間，更出現前所未有的盛況。總館兒童圖書區主辦的零到八歲說故事活動，一星期就有七個場次，一個月下來共有三十場。參與紐約市圖說故事活動的人數，從二〇一三年的近四十萬人，到二〇一五年成長為五十幾萬人，兩年就增加了將近三成。

紐約市圖對於急速的成長人次感到振奮，他們也很願意增編嬰幼兒說故事的圖書館員，唯一的困擾是，每到嬰幼兒故事時間，圖書館內就塞滿了娃娃車，有些分館小，娃娃車不得不排在外頭的大馬路旁，成為紐約觀光客從沒看過的街頭景象。

從孩子出生就介入

從英、美兩國的例子來看，推動嬰幼兒親子共讀，從最早接觸新生兒與父母的醫療系統介入，確實是掌握先機的做法。

新手父母在第一時間建立觀念後，接著進入社區圖書館，便能獲得公共服務系統免費且永續的支持，孩子從中享受群體唱遊唸讀的樂趣，父母也從圖書館員的帶領示範獲得持續的增能。

由此可見，要建立全面性的嬰幼兒閱讀，必定要以家庭為核心，往前納入醫療系統，往後延展至公共圖書館的網絡裡，才有辦法遍地開花、綠意永續。

世界各大城的街頭，出現人類史上從沒發生過的景象，一群群行走的大人低頭忙著滑手機，但嬰兒車卻急著擠進圖書館裡聽故事。嬰幼兒的加入，確實是二十一世紀閱讀革命的新景象。

來讀吧，為孩子投資一個終身保障！

有些家長為了賺錢養家，疲於從事高勞力、長時間的工作或兼差，加上沒有多餘預算購買書籍，使得他們只能在極少的時間內，以自身有限的語言能力和孩子交流，多重受限以致於錯失幼兒語言與腦部發展的黃金期，也錯過閱讀習慣的建立。有些父母經濟較為寬鬆，卻也因為工作繁重而忽略教養品質，在家中沒進行嬰幼兒互動閱讀，或長時間習慣性的把孩子丟給螢幕的卡通或遊戲。

當然，並非每個父母都該是演說家或作家，其實大部分的人都需要借用外部資源來豐富語言對話，而兒童繪本、公共圖書館就是最好的資源。政府願意支持嬰幼兒閱讀的推行，可說是把資源用在刀口上的解決之道，是一把能化解不均不等、黃金等級的鎖鑰。

只要家長知道嬰幼兒親子共讀的重要，願意提高和孩子相處時間的品質，其實做起來一點也不難。藉由親子共讀，孩子可以從互動中培養主動學習的特質，繪本裡文學性與藝術性的高品質語言，便能突破父母自身侷限的語彙與語句，給孩子補給腦部營養所需的食物。

我相信也主張，每個嬰兒不論出生在什麼樣的家庭，來自不同的社經背景，都該有發揮與實現自身生命最佳潛能的權利，要促成這個既基本又公平的權利，在於我們如何使它成真，這就是這本書要告訴大家的：大人的「真心相信」外加些許的學習與付出，任何人都能用「嬰幼兒親子共讀」幫孩子投注低投資、高報酬的終身保障。

讓我們永遠提醒自己：父母對嬰幼兒說話，是給新生命最珍貴的資源；父母對嬰幼兒說故事，更是給他們最好的禮物，如生命之泉，終生將汩汩湧現。

---

13 Pamela C. High, M.D., M.S., FAAP. Literacy Promotion: An Essential Component of Primary Care Pediatric Practice, *American Academy of Pediatrics*, August 2014, Vol 134 (2).

第二部

寶貝，開始說故事嘍！

告別過去單向式的說故事給孩子聽，

從現在起，

為孩子架好鷹架、分階段的互動式閱讀，

保證親子都覺得好玩又有趣，

而且你也可以做得到。

05

故事怎麼說？

在進入分齡說明如何進行親子共讀之前，在此先分析大多數人說故事的模式。

大體上，近代為兒童說故事的方式，可分為公開場合與居家兩類。在公共場所，像是學校、圖書館、故事屋等以團體為主的地方，常看到「表演式」或「規範式互動」的說故事方法；在家中，父母多是「單向式唸讀或指讀」給孩子聽。基本上，這些說故事方式的互動性都過少，即使有簡單的互動，內含也過於簡要，多半是單字與單詞的應答附和。

大多數的說故事模式都行不通

表演式的說故事，是由故事人盡情演說，用戲劇性的肢體語言或聲調，解釋故事裡的生字與生詞，充分轉述故事的劇情，也填充了兒童知覺故事的經驗。這種說故事法，聚焦在演說者身上，演說者在主觀認定故事內容，與明確傳達給聽者該接收什麼的情況下，進行了一場獨角戲。聽故事的人，猶如在看電視或看戲，並不被期待參與，雖然偶爾會應答，但這樣的反應並不具備掌握思考的主體意義。

「規範式互動」說故事法，則常見於教育導向的場所，如幼兒園或國小低幼年級班級。故事人往往扮演「老師」的角色，以命令、指示的方式，要聽故事的人跟著讀出書中的句子，重複唸讀生字、生詞，並不時考考聽者之前提過的訊息。

這兩種團體式的說故事，故事人為了掌握秩序與自己的演說節奏，經常會在故事進行前先跟聽者約法三章，例如「我開始說故事後，你們就不能講話了」或「我沒有問你們問題，不可以舉手或張開嘴巴」，若進行中孩子突然有反應或舉手，故事人也常當作沒看見。這種說故事法，自然會形成一種氣氛，暗示孩子只要被動聽看即可。

家中進行的說故事，教養者通常不會出現太戲劇化的表演或嚴厲的規範，也因為一對一的關係，會出現較多故事外的聊天與互動，但大抵上會侷限於「床邊睡前故事」的傳統模式，也就是孩子乖乖躺臥，安分的邊看邊聽大人為他朗讀的故事書或繪本。

然而要進行嬰幼兒親子共讀，以上「表演取向」、「規範式互動」、「床邊說故事」的模式都行不通。孩子在嬰幼兒階段的變化很大，父母與孩子互動的方式要隨著階段的發展調整應變，了解孩子的侷限與現況，才能讓雙方持續喜愛共讀，並享受其中。

誤以為孩子可以照單全收

有些人初為父母或照顧者，不知道如何進行嬰幼兒親子共讀，會因為一些狀況感到挫折，例如幾個月大的嬰兒，只能把書當玩具把玩啃咬；而牙牙學語的學步兒，缺乏長期注意力，常常翻個三、四頁就跑掉；那些開始展現語言爆發的幼兒，則常因為書中訊息激起聯想，不斷連結到不相干的事物，大人想開放交流，但說故事的程序又因此被打亂，大人小孩於是有一搭沒一唱的，過程顯得雜亂又無法連貫。

另一方面，有些教養者以「執行任務」的心態進行說故事，會強硬規範孩子坐好、安靜配合，直到故事說完。而大人說故事時，會把焦點放在文字上，以指讀的方式唸出頁面上的印刷字。大人忠心耿耿的一頁頁唸讀，故事雖然「讀完了」，卻沒有整合繪本圖畫裡的訊息，也忽略了孩子因為文字或圖畫可能會有的任何反應或疑問。

有些教養者比上述狀況好一點，會在讀完一頁印刷字後停頓一下，轉到圖畫上的內容，指著圖逐一詳解文字外的訊息。這種做法雖然有簡單互動，但多半只讓聽者簡單回答「對」、「是」、「好」、「嗯」等簡單呼應，大人往往一廂情願的以為說故事進行得盡善盡美，甚至誤以為孩子都照單全收了。

從聽故事的角度看，最恐怖的莫過於大人完全不讓孩子反應，以團體軍訓式教法要求聽者服從指令、不答也不問。大人邊讀故事，還會加上很多與書偏離的意見，動不動便以「你再吵、再不乖，以後不講故事給你聽了」做威脅，講完還會添上一段訓誡：「所以……知不知道！」「所以……懂不懂？」作結。

碰到這種故事人，我想，再怎麼喜歡聽故事的小孩大概都會被書嚇跑，蒙著故事的陰影長大。

告別「單方面說故事給孩子聽」的傳統模式

以上是大人跟嬰幼兒說故事時常見的狀況，接下來的第二部，就是要回應上述現象與問題。

我將整合相關研究、個人實際推廣經驗，與兒童文學的深度文本分析，提供教養者新的概念與帶讀實例，一步一步的從理解、分析、示範、再分析。相信透過層層引導，大家一定能理解互動閱讀的精髓，也能慢慢上手。

閱讀新革命的故事就講到這裡，你或許會再次驚奇，原來不只要從嬰兒時期就開始進行閱讀，而且一別幾百年來的習慣，由大人單方面「讀故事給孩子聽」的標準模式，也在近十多年來受到跨領域研究的挑戰與翻新。

「有沒有進行共讀？」是第一關，接下來第二關就是「怎麼說故事？」

什麼樣的說故事法，能讓說的人跟聽的人都覺得既好玩又有趣？大腦袋不只能幫助小腦袋吸收高能量的語言營養素，還能進行高層次的思考？真的可以做到嗎？有這麼好的事？

相信我，絕對有的，接下來，我將分享如何為孩子架好鷹架、分階段的互動式閱讀，保證親子都覺得既好玩又有趣，而且你也可以做得到。

06

嬰兒閱讀指南

——6到15個月大

對於幾個月大的嬰兒，先讓寶寶從認識「書」這個物體開始做起。

大人把寶寶抱在懷裡，透過翻書、看圖、說話、肢體互動，讓寶寶慢慢有書的概念：「書就是一個固體東西，可以翻，裡面有很多圖案。爸爸媽媽會唸裡面的東西，還會抱抱我、親親我、一起玩書、哼哼唱唱。」

等孩子開始會爬，到了牙牙學語的學步兒階段，父母再依生活裡出現的東西做閱讀連結，例如拿一顆蘋果跟書裡的蘋果圖做對照，孩子開始有二次方的視覺辨識能力，能將立體的形狀特質與平面的特質連結起來，知道那種類似形狀或顏色的物體，且名字一樣，就是同一種東西。

這時，即使寶寶還發不出對的聲音，他的大腦也已經將物品分類，並將「形」與「音」記起來了，所以多讀、多講、多唸給嬰兒聽，是很重要的。這時候，父母也可以大量用童謠兒歌來輔助閱讀，讓孩子透過節奏音韻，對閱讀活動產生興趣，強化書中圖畫與語言的記憶。

共讀方法與選書原則

父母每天可以排定幾個五到十五分鐘的時段，定時或不定時享受親子共讀。盡量讓活動在愉悅情境中進行，過程中父母記得投入情感、專注與喜悅。

對於還無法坐定的寶寶，可從唸謠或童謠，以身體觸碰或按摩跟寶寶互動。至於能坐能握的寶寶，可抱在膝上懷裡，和寶寶一起翻動厚紙板書。

進行親子共讀時，以緩慢且清楚的朗讀，讓寶寶熟悉「閱讀」的聲音。試著讓寶寶觸碰書、翻動書，讓他理解書的形式。寶寶對書中的東西或你朗讀的聲調有反應時，即時給他鼓勵與讚美等回應。

即使你覺得寶寶還聽不懂，也可以適當延伸書中的內容，例如書中只有蘋果的圖與字，你可以說：「嗯，好香好好吃的紅蘋果。小寶寶最愛吃紅蘋果了，對不對？」

關於一歲以下寶寶的選書原則，要以有簡單線條、色塊、形狀的厚板書為主。對這年齡的寶寶來說，書只是玩具的一種，可挑選互動性高的寶寶書。除了厚板書，撕不壞的棉布書跟洗澡時可用的塑膠書，都是不錯的選擇。

突發狀況與幾點提醒

共讀過程中，難免遇到突發狀況，我也分享幾個不敗祕笈：

* 看到寶寶拿起書放到嘴裡咬時，不需驚慌，只要溫柔的拿下來就好。
* 一開始不要期待寶寶會配合或享受，給他們時間摸索。
* 如果寶寶一開始無法進入狀況，也不需勉強，等一段時間再試。
* 親子共讀時，不要讓電視或音樂同時播放，這會產生干擾，影響寶寶的注意力。
* 這年齡的寶寶，感官知覺、自我控制能力都還在發展，父母跟

他們進行共讀時，一定要有「邊玩邊讀」的態度，千萬別強求他乖乖盯著書或聽你說故事。否則很可能寶寶自己玩得很高興，大人卻先跺腳哭泣了。

另外，親子共讀時，要注意專家說的「幼兒盡量遠離電子產品」原則，共讀時不宜同時使用電視、電話或電腦，一心多用。這是為了幫助孩子在他們心中建立「親子共讀」是一件神聖、有趣且專屬的親密活動，這將是親子共讀能否成功持久的關鍵之一。

嬰幼繪本因為著重在認識動物、物品與簡單的抽象概念（如數字、語言、顏色、大小）上，所以書的結構與內容會比較單調鬆散。大人若想增加幼兒的興趣，適時加入富節奏感的狀聲詞與肢體動作，甚至是道具，都會有所幫助。

父母拿著書與尚無語言能力的寶寶共讀時，儘管得一人獨自演唱，但建議盡可能使用開放式語句，順著寶寶發出的聲音跟身體反應，揣摩他的意思，並做對話模擬。這樣的對話共讀，可以為後面的發展做重要的鋪路。

一到兩歲的孩子，特別喜歡配合身體部位的童謠，父母可搭配運用，像是手指謠或全身的帶動唱〈頭兒、肩膀、膝、腳趾〉、〈大拇哥〉、〈依比亞亞〉、〈說哈囉〉等。隨著孩子再大一點，可以學唱一些動物、水果食物的兒歌。由於嬰幼兒繪本的基本元素都差不多，因此當書中出現相關情節或物件，孩子會主動連結並從中獲得成就感，大人也可以隨時應用，變換閱讀氛圍。

07

建立互動模式

——12到24個月大

兒童明確的讀寫行為，通常要等進入小學才會習得，然而在這之前，有個「準備期」是他們在生活中與他人互動時，大腦便已隨時隨地收集大量資訊、精細分類處理讀寫必需的元素，像是印刷符號、字音、字義、字彙、句型、故事等。這段時期，雖然還看不到孩子獨自讀寫的表象行為，但他們的大腦已積極活躍的準備，我們稱這時期看不見的能力為「萌發期讀寫力」（emergent literacy）。

我們說過，兒童時期是語言學習的黃金時期，近五十年，教育、語言、文學、心理等學界，對於萌發期讀寫力時期做了許多探究，而這些研究共同的交集是：透過親子共讀或團體聽繪本故事，對幼兒的萌發期讀寫力有極大貢獻。

既然萌發期讀寫力跟幼兒的閱讀活動有關連，那麼，從共讀經驗的有無、次數多寡，到品質差異，學者們更想知道什麼樣的共讀方式，會對幼兒往後的「聽說讀寫」識讀能力、學科學習與社會文化行為，產生更深刻且長遠的效益。

搭起故事鷹架，與孩子共同接力建構

蘇俄心理學家維高斯基（Lev Vygotsky）的認知發展「鷹架理論」，尤其在釐清親子共讀品質差異方面的驗證，提供不小的幫助。

藉由這個理論，研究者想知道幼兒在進行共讀時，他們的認知發展在「近側發展區間」（zone of proximal development）實際可達到什麼程度？潛在萌芽的發展又是什麼？而教養者可以提供什麼鷹架幫助學習者，讓幼兒在近側發展區間的潛能獲得開發？

諸多研究發現，高品質的互動閱讀是目前最受推薦認可的閱讀方式。要注意的是，所謂的高品質，並不是講求功利性的短期成效，也不是成績數據的成果導向，而是包括孩子的認知、情緒、人際關係等全面性的各項發展，是有益於個人身心與社

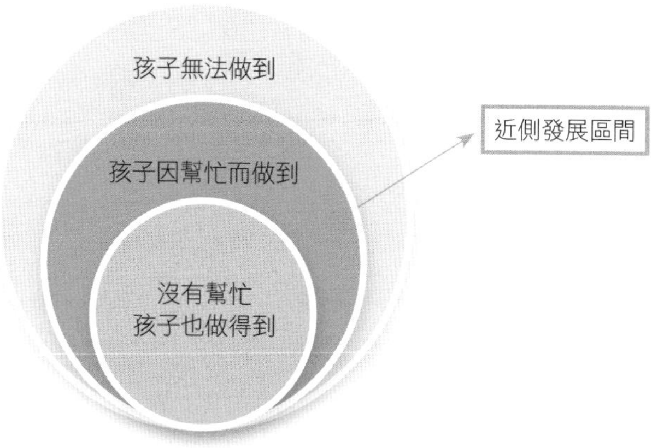

會福祉的整體發展。

你將會在下面提供的引導對話範例中慢慢理解，大人有系統的引導，便是在建立鷹架，協助孩子慢慢爬上近側發展區間。

所謂的建構式引導，就是親子一來一往，你拉孩子一把，孩子蹬高一步，大人依著腦中先架好的鷹架模型，親子接力搭建出故事的樣貌。

故事人扮演引導者的角色，**藉由問答和孩子共同建構出對於故事中角色、情節與意含的探索，整個「說故事與聽故事」的歷程，重在分析性與思考性的理解**。

因為是共同建構，雙方必須不斷對話，身為講者的大人，因為引導、激發、傾聽孩子，本就有機會和聽者角色互換，讓孩子在主動積極理解故事訊息的過程中，自然而然也分擔了某部分說故事的工作，從而參與敘述故事裡人事物的關聯，推測事件發生的因果關係等。

孩子在聽者與講者兩種身分不斷轉換的過程中，獲得更有效的學習，這就是互動式對話閱讀最棒的地方。

對話閱讀：「鼓應擴複」（PEER）

美國懷赫斯特（Grover J. Whitehurst）於一九八八年就開始倡導「對話閱讀」，後來廣泛應用在美國幼兒園三歲以上的小孩子。懷赫斯特的研究推行有成，因此二〇〇二年時，他便於美國教育部新闢的美國教育科學院（Institute of Education Sciences）擔任第一任院長，對話閱讀理念也獲得極力推廣。

懷赫斯特提出四個步驟，簡稱為「鼓應擴複」（PEER）：

1. 鼓（Prompt）：鼓勵孩子對書中的內容說話。
2. 應（Evaluate）：回應孩子的回答。
3. 擴（Expand）：擴充孩子給的回應。
4. 複（Repeat）：複習擴充的資訊。

前面提到，給孩子問問題的動機、鼓勵他們描述所見，或邀請他們完成部分故事的聯想與猜測，這些介入動作，都會大幅幫助孩子在語言與認知上的能力發展。因此，大人要不斷提醒自己，當孩子表現出主動參與的興致時，他們的小腦袋正準備啟動大量學習的模式。

想像一顆小頭腦裡，數億個神經元正甦醒過來準備衝撞連結的模樣，那真是一幅美麗而浩瀚的圖像，我們怎能不好好珍惜，也催促我們的大腦袋跟著動起來呢？

一起講、一起想、互助互樂

PEER四個步驟相當簡單明瞭，我們先從基本項目開始練習，後面再做進階的延伸。首先，從以下幾個要點開始：

- ✽ 練習問「什麼」的問題。
- ✽ 接續孩子的回答，提出問題。
- ✽ 重複孩子說的話。
- ✽ 如果孩子需要，幫助孩子完成句子。

✽ 時時讚美、鼓勵孩子。

✽ 注意孩子的興趣何在，適時隨著他的喜好延伸。

✽ 配合孩子的速度，等他回應。

✽ 盡量讓閱讀的歷程充滿樂趣。

問「什麼」、「為什麼」時，要保持開放態度，即使孩子回答的內容不是大人期待的或正確的，也盡量從孩子的回答去延伸、連結到你要的訊息。要注意的是，大人做為引導者，雖然有提供正確訊息的功能，但對剛開始摸索閱讀的孩子來說，要避免展現你什麼都知道，或你早就知道故事情節的態度。

提醒自制的用意在於減少孩子的挫折感，不讓他們對犯錯產生負面陰影、對嘗試產生遲疑；更重要的是，讓孩子感受到你也和他一起享受故事、猜測故事，並受到情節發展帶來的驚喜。這些細微的互動，對於建立良好的親子閱讀關係相當重要。

有些孩子的天生氣質較害羞，大人在提供正確資訊時，便需要加強委婉的說法。如果直接說：「錯了，這是松鼠，不是老鼠。」孩子首先感受的是自己的錯誤跟缺點。但如果換個說法：「嗯，他看起來很像老鼠，不過他是松鼠。」孩子會先感受到你給他的同情與理解。

受到理解的孩子，在大人隨即補充「是一隻住在松樹上，很喜歡吃松果的松鼠」的協助，心裡便想把錯誤導正，更積極強化松樹、松果、松鼠之間的連結。那麼，下次他再看到一隻很像老鼠的東西在樹上時，就會因想起松樹或松果，更容易記得「松鼠」了。而且在「修正」的過程中，孩子也一併擴充許多相關的詞彙跟情境。

當然，如果你的孩子夠開朗，你也有自信他會跟你一起享受猜錯的學習樂趣，那麼你可以開懷的說：「不是老鼠啦，是很愛吃松果的松鼠啦！」也許配個哈哈大笑、做做松鼠的樣子，孩子會明白「記錯、猜錯」總是難免，能從錯誤中自我解嘲也是一種幽默的表現。

要是下次再讀，孩子一時想不起來這些連結，父母可以溫柔的提示：「你很努力猜想，就差一點了，有一種住在樹上很愛吃松果的小動物，叫做……？」要是孩子真想不起來，就鼓勵他再來一遍：「想不起來也沒關係，他叫松鼠，是住在樹上、很愛吃松果的松鼠，你看松鼠有長長的尾巴。來，跟我唸一遍：『很愛吃松果的松鼠，有長長

PEER四步驟	例句
P（鼓）：鼓勵孩子說出他看到的	「啊，這是什麼？」 「你看到什麼？」 「這個叫什麼呢？我們來想一想。」 「我們好像說過，猜猜看是什麼？」 「這裡發生什麼事呢？」
E（應）：回應孩子的回答	「對了！是一隻猴子。」 「他不是猴子，他是猩猩。」 「嗯，他看起來很像老鼠，不過他是松鼠。」
E（擴）：針對孩子回答擴充資訊	「對了，是一隻猴子，是一隻戴紅色帽子的猴子。」 「他是松鼠，是一隻住在松樹上，很喜歡吃松果的松鼠。」
R（複）：邀請孩子重複練習	「你也說說看！是一隻住在松樹上，很喜歡吃……的……」 「我說完，換你說。」 「我們一起再說一遍。」

的尾巴』。」大人可以學書中松鼠吃東西的模樣並發出聲音，讓孩子知道你正在陪他邊學邊玩。

親子共讀範例1

《棕色的熊、棕色的熊，你在看什麼？》

分階段漸進建構閱讀

棕色的熊、棕色的熊，你在看什麼？
文 比爾・馬丁 圖 艾瑞・卡爾

《棕色的熊、棕色的熊，你在看什麼？》
圖／艾瑞・卡爾，文／比爾・馬丁
上誼文化公司（1999）

等孩子語言能力逐漸成熟，積極仿效大人的聲音，也對動物跟顏色都有些概念了，就可以試著帶讀情節結構複雜一點的書，像《棕色的熊、棕色的熊，你在看什麼？》，大人可以分階段跟孩子共讀，一次次建立孩子對書中角色、內容與故事結構的熟悉度。

我會建議，第一次讀這本書時，帶孩子先做「標物」的工作就好，不需要唸讀印刷字。

大：這是熊熊。（第一次看）

小：熊熊。

大：這是什麼？（已經看過）

小：熊熊。

大：對，棕色的熊熊。

小：棕色的熊熊。

大：好，翻過來，哇，是一隻什麼動物呢？

小：小鳥。

大：對了，是小鳥，是一隻什麼顏色的小鳥呢？

棕色的熊、
棕色的熊，
你在看什麼？
我看見一隻紅色的鳥
在看我。

小：一隻紅色的小鳥。

大：嗯，很漂亮的紅色，跟蘋果一樣的紅色。來，跟我說：紅色小鳥張開翅膀在天上飛。

小：紅色小鳥張開翅膀在天上飛。他的嘴巴是黃色的。

大：對啊，你看得好仔細，是黃色的嘴巴。小鳥怎麼叫呢？你還記得嗎？

小：小鳥啾啾啾的叫！

大：太棒了，張開紅色的翅膀飛飛飛，張開黃色的嘴巴啾啾啾。

像這樣，先陪孩子標物識名，認識顏色、特徵，如果孩子已經很熟悉了，大人可以再增加一般知識以強化印象，例如「熊熊生活在森林裡，有四隻腳，大大的身體」。孩子若對棕色比較陌生，可以連結到現實環境：「看看我們家哪裡有棕色的東西呢？」像這樣，每一頁都先跟孩子做充分互動，認識動物名字、叫聲、特徵、顏色，直到老師跟孩子們出現的最後兩頁。

這個作品因為具備簡單的故事結構，文字也有重複的韻律，大人跟孩子讀完第一回合，下次再讀時，就可以做點變化，尤其趁機加入簡單的預測鷹架，像這樣：「熊熊說，他看見什麼在看他？你記得翻過去是什麼嗎？」孩子先前的閱讀印象若夠深刻，他答對的成就感，就會轉化成繼續閱讀的動力。

若他一時想不起來，大人可以加點線索提示：「是一隻會啾啾叫的……？」增加孩子答對的機率。孩子任何的嘗試跟回答，大人都該給予讚許。

大：熊熊接下來是什麼動物，你記得嗎？是一隻會啾啾叫的……？

小：鳥。

大：太棒了，是一隻鳥。什麼顏色的鳥呢？

小：紅色的鳥。

大：太好了，寶寶好棒。是一隻紅色的鳥。

大：紅色的鳥接下來是什麼動物呢？是一隻會呱呱叫的……？

小：鴨鴨。

大：對了，是會呱呱叫的鴨子，是什麼顏色的鴨子呢？

小：黃色的鴨子。

以此類推，孩子在漸進的過程中，不但學會物品與抽象認知，也連結了動物跟壯聲詞，大人藉由拋出線索與翻頁印證，也幫孩子連結順序的記憶。由於人類大腦會以各種方式來儲存跟提取記憶，因此，大人藉由不同感官方式來強化，對孩子的記憶力會很有幫助。接著，下一次讀時，就可以更完整的讀出印刷的字。

大：我們來問棕色的熊看到什麼好嗎？來，跟著我唸：棕色的熊、棕色的熊，你在看什麼？

小：棕色的熊、棕色的熊，你在看什麼？

大：你記得下一頁是什麼動物嗎？是一隻……？

小：一隻紅色的鳥。

大：好棒。所以，棕色的熊回答說：我看見一隻

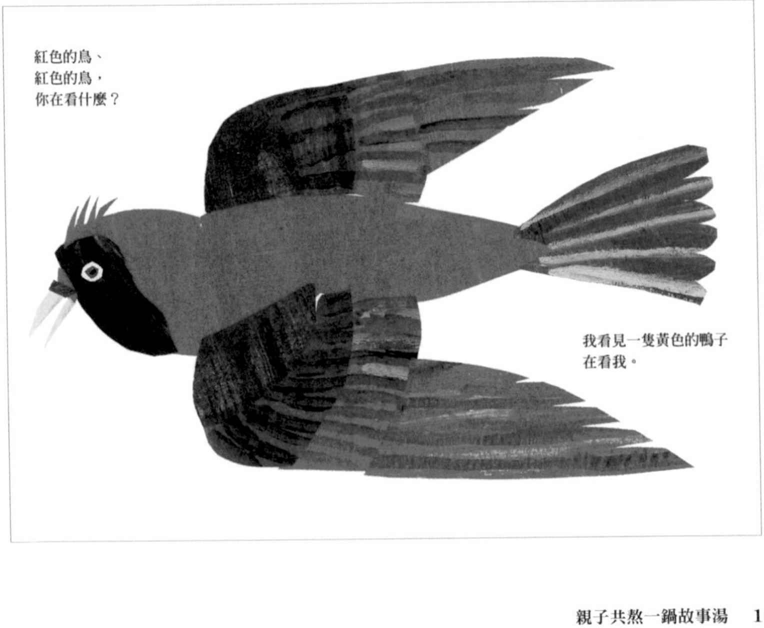
紅色的鳥、
紅色的鳥，
你在看什麼？
我看見一隻黃色的鴨子
在看我。

紅色的鳥在看我。

小：我看見一隻紅色的鳥在看我。

大：再來，換我們問紅色的鳥嘍：紅色的鳥、紅色的鳥，你在看什麼？你還記得下一頁是什麼動物嗎？

小：是黃色的鴨鴨。

大：答對了。所以紅色的鳥回答：我看見一隻黃色的鴨子在看我。

小：我看見一隻黃色的鴨子在看我。

大：太棒了！

這本書的設計優點，在於邀請小讀者參與對書中角色問問題，一個接一個問答，因此有了接龍的劇情。

由於親子先進行過標物閱讀，等大人要帶孩子讀出書上印刷文字時，孩子已經熟悉故事的前後結

黃色的鴨子、
黃色的鴨子，
你在看什麼？
我看見一匹藍色的馬
在看我。

構。

這時，即使孩子還無法讀懂文字，但在大人引導下，孩子因熟悉順序與關聯，當大人唸讀印刷字時，他會很快跟上模式，自己唸出跟下一頁契合的答案。

這樣的互動，孩子會特別有成就感。讀完一遍，大人可以再變點花樣，讓自己或孩子扮演書中的動物。

大：接下來，我來當動物，你問我好嗎？像這樣，你問我：黃色的鴨子、黃色的鴨子，你在看什麼？

小：黃色的鴨子、黃色的鴨子，你在看什麼？

大：我看見一匹藍色的馬在看我。

（持續進行）

大：好了，我們讀完一遍了，太好了，現在換你當動物吧。換我要問你嘍：棕色的熊、棕色的熊，你在看什麼？

小：我看見一隻紅色的鳥在看我！

像這樣分階段漸進閱讀，拉長歷程來看，就是一個放大版共同建構的互動式閱讀法。

當然，幼兒閱讀不用拘泥於書中的文字與圖畫，或者說話模式，親子可以適時加入相關的戲劇或歌謠，把文字套入熟悉的曲調來加強記憶，增加遊戲的樂趣。例如英文原文Brown Bear, Brown Bear, What Do You See? I See a Red Bird Looking at Me，剛好符合〈一閃一閃小星星〉前兩小節的節拍，1155 66 5，44 33 221。整本書就可以從頭帶幼兒反覆唱到尾，這可是紐約圖書館嬰幼兒閱讀活動最受歡迎的唱謠書單之一。

雖然中文翻譯「棕色的熊、棕色的熊，你在看什麼？」、「我看見一隻紅色的鳥在看我」，字節拉長了，不好套到〈一閃一閃小星星〉的樂譜去，但大人可以自行找順口的節奏或自己編曲，例如55 65，5565，5434 5，1 123331 2 171。或用數來寶的方式，強調讀音的節拍，再配合手勢動作，也頗受孩子喜愛。

親子共讀範例2

《你是我的寶貝》

練習標物與簡單對話

《你是我的寶貝》系列套書（共6冊）
圖・文／羅瑞娜・希蜜諾維克；小天下（2014、2015）

同樣的，《你是我的寶貝》系列套書也很適合親子分階段漸進完成豐富的互動閱讀。第一本《可愛動物》書中的狗、鳥、鼠、貓、魚，都是孩子比較熟悉的動物，大人可以先從這一本讓孩子進行標物與簡單對話，同時熟悉後面幾本書的結構。

大：這裡有什麼？

小：狗狗。

大：對了，是棕色（咖啡色）的狗狗。嘿，不只一隻狗狗耶。還有……？

小：還有一隻小狗狗。有一隻大狗狗、一隻小狗狗。

大：對啊，有兩隻狗狗，一隻棕色的大狗狗、一隻棕色的小狗狗，就像你跟我一樣，對吧？一個大人，一個小孩。嘿，你看，他們的屁股都有一條搖來搖去的……？（講「搖來搖

你有1條搖來搖去的尾巴。
You have one wagging tail.
汪汪汪！
Woof-woof!
你是我的寶貝，小狗狗。
You are my baby, little puppy.

去」時可以放慢速度，加重聲音）

小：尾巴。

大：尾巴也是什麼色的？

小：棕色的。

大：嗯，一條搖來搖去的棕色尾巴，你唸唸看。

小：一條搖來搖去的棕色尾巴。

大：小狗狗的嘴巴張開開的，他在叫吧？狗狗是怎麼叫的啊？

小：汪汪汪！

大：對了，小狗狗對著媽媽汪汪汪！

大：你看，這裡還有一根……？

小：樹枝。（也可能會說棍子）

大：嗯，狗狗很喜歡撿小樹枝，對不對？

像這樣，第一次共讀時，大人不用急著照印刷字唸讀，先透過一來一往的問答互動，將書中的動物、顏色、特徵、數字都帶過，幫助孩子認識：狗狗有「一條搖來搖去的尾巴」、小鳥有「兩隻毛茸茸的翅膀」、小倉鼠有「三個花花的斑點」、小貓咪有「四隻強壯的小腿」，魚兒有「五條閃閃發亮的條紋」。從親子的對話中，孩子會先學到五個結構較複雜的形容詞。

等熟悉這些元素與詞彙後，下次再回來讀時，大人就可以開始讀印刷字：「你有一條搖來搖去的尾巴。」、「你是我的寶貝小狗狗。」、「汪汪汪！」讀了幾次，孩子熟悉敘述模式後，就可以鼓勵孩子參與，例如先從小動物的叫聲開始。

大：等一下換你接小寶貝的叫聲好嗎？來，我們來試試看。我先說：「你有兩隻毛茸茸的翅膀。你是我的寶貝小鳥兒。」換你了。

小：啾啾啾！

大：太好了！啾啾啾！我們一起說故事。

以此類推，孩子就會知道書中角色的關聯與文字的節奏。孩子聽熟了，大人可以試著在讀句子時稍微停住，示意孩子接下去，例如大人讀到「你有一條……」時，稍微停住，手指著圖中的尾巴，身體同時搖晃，暗示換孩子接力講出「搖來搖去的尾巴」。孩子若講出來，就給予適當的鼓勵「太棒了，就是這樣」。之後他就會依同樣模式進行互動。

由於這一系列套書的設計是大書包小書，很適合親子一同置入書中的角色互動。閱讀的方式，可以不斷累加變化。等到孩子愈來愈能自己講出重複的句子時，大人也可以找音樂配成歌謠，和孩子一起唱和。例如拿〈你若高興你就說哈囉〉的前兩小節反覆唱55 1111 1 71 2，00，55 2222 2 12 3，00。剛好可以把「說哈囉」的地方，改成動物的壯聲詞，像這樣：

「你有三塊花花的斑點。」「唧唧唧！」

「你是我的寶貝小倉鼠。」「唧唧唧！」

你有 2 隻毛茸茸的翅膀。
You have two feathery wings.
你是我的寶貝，
小鳥兒。
You are my baby,
little hatchling.
啾啾啾！
Tweet-tweet!

《你是我的寶貝》第一輯除了「可愛動物」，還有「草原動物」跟「森林動物」，第二輯有「花園裡的動物」、「農場動物」、「海洋動物」，後面的動物相對於第一本居家型的可愛動物，孩子也許比較陌生，不過在第一本打下基礎後，孩子熟悉書的設計、敘述等表現模式，已儲備高度信心和興趣，便很容易進入狀況，也更能享受其中。這兩套書的詞彙都很豐富，有抽象的形容詞、有鮮活的動詞，我相信兩套書讀完，孩子除了升級成動物小專家，離文學家也不遠了！

你有3塊花花的斑點。
You have three fuzzy spots.
你是我的寶貝，小倉鼠。
You are my baby, little hamster.
唧唧唧！
Squeak-squeak!

08

大量練習對話式閱讀

—— 24 到 48 個月大

當我們跟孩子建立起互動的閱讀模式，孩子自然而然會參與其中，習慣分享他從書上看到的線索。

隨著孩子的語言與認知能力逐漸累積，成人除了當說故事的人，也必須學著當傾聽者、提問者、觀看者，隨時注意孩子的心情與反應，給予充足且適當的關注。

接下來，我們要進入技巧更複雜的對話閱讀，下表是針對親子對話，做更精細的進階分類。

大人開始使用這些技巧時，要顧及孩子聽故事的資歷，依他的語言能力調整，例如剛開始進行親子互動閱讀時，在「標物」、「描述」、「對錯確認」上的使用比例多一些，等過一陣子，孩子基本技巧都熟練了，再加入「預測推論」、「分享」、「評價」，漸次調高比例。

	內容	例句
標物	標出圖上的物名	「這是什麼？」 「貓咪。」
確認	確認孩子回答的對錯	「對了，是貓咪。」 「不是貓咪，是大象。貓咪是有長長的鬍鬚。他是有長長的鼻子，叫大象。」
擴展	在標物上增加資訊	「貓咪有長長的鬍鬚。」
描述	描述圖畫的場景	「小貓咪在做什麼？」 「小貓咪在玩球球。」 「小貓咪在沙發上玩球球。」
回饋	對於孩子反應的回應	「小象在做什麼？」 「他在噴水，嘩啦啦！」 「太棒了，他在噴水，嘩啦啦！」
抽象語言	情緒、抽象等情境的理解	「小猴子哭哭，好傷心。」 「小象很喜歡洗澡。」 「有大太陽，天氣很熱。」

預測推論	針對文圖的訊息，引導孩子做因果關聯的預測推論	「你看，小兔子玩得好累，眼睛都張不開了。你覺得他想要做什麼？」 「嗯，小猴子會想要去哪裡呢？」
補充知識	補充故事裡的一般知識	「對，是大象，大象會用長長的鼻子幫自己噴水洗澡。」 「小猴子很喜歡在樹枝上盪來盪去。」
分享經驗	從故事連結到個人經驗	「上星期我們在公園看見一隻松鼠，還記得他在做什麼嗎？」 「他在爬樹，他爬得很快很高。」
評價作品	討論對這本書的感覺、看法	「故事説完了，你喜歡嗎？」 「你最喜歡哪裡？」 「故事説完了，我喜歡這隻小猴子。真希望我也可以像他一樣在樹上盪來盪去。你呢？你喜歡他什麼？」

把故事湯熬出的精華留給孩子

繪本的特色，在於文與圖彼此呼應、共同演出故事的劇情。若有些父母以為共讀就是幫孩子讀出書上的印刷字，那就會出現不知為何而讀的窘況。

拿很受歡迎的《抱抱》來說，書裡的印刷字除了「媽媽」跟「寶寶」兩個詞彙之外，其他頁面都是「抱抱」這兩個字。如果只是帶著孩子固執的指讀頁面上的印刷字，而不關注孩子對書中圖畫的反應，讀完文字就蓋上書本的話，那麼孩子只會留下動物們要「抱抱」的圖畫印象，與語音「抱抱」的記憶，從閱讀活動獲得的收穫就貧乏得可憐。

相反的，如果親子先前建立了共同建構的互動閱讀，那麼整個共讀的歷程就會非常豐富，有知識也有情感，大人可以引導孩子達到好幾個「近側發展區間」。你會從以下仔細的引導範例中了解其中道理。

親子共讀範例3

文字簡單，卻富有知識和情感《抱抱》

《抱抱》
圖．文／傑茲．阿波羅；上誼文化公司（2001）

《Hug》（英文版封面）
Jez Alborough; Candlewick, Reprint edition (2009)

大：（看封面）這是什麼動物呢？哎呀這裡有一隻好可愛的……？

（本書開頭的共讀示範，我以英文版封面為例，因為英文版封面只有一隻小猩猩，還保留一點空間讓讀者猜想。中文版則以母子抱抱畫面直接破題。如果用中文版說，孩子會一下就知道小猩猩要找媽媽抱抱。）

小：小猴子。（如果是第一次看到猩猩，孩子通常會講猴子）

大：嗯，看起很像猴子對不對，但他不是猴子喔，他是黑猩猩，黑色的猩猩，這是小隻的黑猩猩。我們叫他小猩猩，好嗎？

小：好，小猩猩。

大：對了，一隻手臂張得大大的小猩猩，他笑得很開心呢！我們來看故事吧。（翻頁）小猩猩在做什麼呢？嗯，不知道他要去哪裡呢？

小：他跳來跳去，要出去玩。（比較大的孩子也許會說「去森林」）

大：嗯，他要去森林玩，森林是長了很多樹的地方，也是動物們的家。不知道小猩猩跑跑跳跳的去森林，會看到什麼呢？（翻頁）

小：大象。

大：對了，他看到大象，看到幾隻大象呢？

小：兩隻，一隻大象媽媽、一隻小象寶寶。

大：嗯，大象媽媽跟小象寶寶在做什麼啊？

小：他們在抱抱。

大：對啊，大象媽媽跟小象寶寶在抱抱，開心的抱抱，那我們也來開心抱抱，好嗎？（趁機擁抱孩子）。好了，小猩猩看到了，他很開心的舉起手，指著他們說：「抱抱」。（兼做手勢，示意孩子學著做）

小：抱抱。（也學著指向大小象）

大：然後呢？我們來看看，小猩猩繼續在森林裡走啊走的，又看到什麼呢？

小：變色龍媽媽跟寶寶、蛇媽媽跟寶寶（如果小孩認不出變色龍，就告訴他「是變色龍媽媽跟變色龍寶寶」，提示「變色龍會爬樹、有長長的尾巴」幫孩子進行標物記憶。）

大：小猩猩看到他們，又開心的指著他們說……（停一下，等小孩

一起完成）

小：說「抱抱」。

大：答對了，他又對著變色龍跟蛇說「抱抱」。咦？小猩猩繼續往前走，大象媽媽和寶寶跟在後面走，這時候小猩猩怎麼看起來怪怪的，他怎麼了？他有笑嗎？（翻頁）

小：沒有。

大：那他在做什麼呢？

小：他頭低低的，看著地上，沒有笑。

大：嗯，小猩猩看著地上，頭低低的，沒有笑。大象小象看到了，也覺得奇怪喔，還有誰也看到小猩猩怪怪的呢？

小：變色龍媽媽寶寶、蛇媽媽寶寶也看到了。（孩子會指出圖上位置）

大：嗯，大家都看到小猩猩頭低低的、沒有笑，不開心。你覺得他怎麼了，剛剛他還開心笑笑的，怎麼一下子就不開心了？我們一起來想想。（讓小孩有時間猜想，如果孩子需要一點協助，可以用對比提示：「大家都是兩個兩個很開心的在抱抱啊，小猩猩到底怎麼了呢？」）

小：可能因為他自己一個，沒有人跟他抱抱。

大：嗯，很有可能喔，因為他只有自己一個而已。嘿，你看，他爬到哪裡去？

小：大象的鼻子上面。

大：對啊，小猩猩爬到大象媽媽的鼻子上，還跟她說話，他說……？

小：抱抱。（孩子這時很可能已經認得「抱抱」的字形符號了）

大：嗯，小猩猩爬到大象媽媽的鼻子上跟他說「抱抱」。為什麼呢？

小：小猩猩跟大象媽媽說他要抱抱。

大：是小猩猩想要跟大象媽媽抱抱嗎？那他們有抱抱嗎？（孩子也許會預測以下兩種可能，請見小1大1、小2大2的回應）

小1：沒有，小猩猩爬到大象媽媽頭上，然後他們就走了。

大1：嗯，他們沒有抱抱，大象小象帶著小猩猩往前走了，不知道他們要去哪裡呢？（翻頁）他們來到森林裡另一個地方，看到了……？

小2：沒有，可能是小猩猩想要找自己的媽媽抱抱。

大2：嗯，很有可能喔，可能是他想媽媽了。那我們來看是不是這樣。接下來，他們看到什麼動物呢？

小：獅子！

大：哇，好多隻獅子呢？有幾隻呢？

小：一、二、三、四隻，一個媽媽和三個寶寶。

大：四隻獅子玩得好開心，對吧！

小：對啊，好開心，都抱在一起。

大：嗯，所以遠遠的這邊，大象媽媽頭上的小猩猩這時候又說了……？

小：抱抱。

大：為什麼呢？

小：他想要抱抱。

大：嗯，我想也是，他想要抱抱，他們又走到另一個地方，看到了……？

小：兩隻長頸鹿。

大：長頸鹿在做什麼呢？

小：長頸鹿也在抱抱。所以小猩猩又指著他們說「抱抱」了。（有了前面的引導，小孩很可能會在發現後先自行敘述。）
大：是啊，森林裡好多動物在抱抱，他們都好開心，好幸福。
小：除了小猩猩，他不開心。
大：嗯，大象媽媽繼續帶著不開心的小猩猩往前走，接下來他們又看到誰呢？
小：河馬，河馬媽媽跟寶寶也在抱抱。
大：河馬媽媽跟寶寶可以一邊泡水、一邊抱抱，真好玩。可是，還是有一個不開心。
小：小猩猩不開心，他又說了「抱抱」。
大：哇，糟了，發生什麼事了？
小：小猩猩大叫「抱抱」。
大：對啊，小猩猩大聲叫「抱抱」，不大妙、不大妙。
小：他快要哭了／他一邊哭一邊叫。
大：嗯，大家都嚇一跳，全看著小猩猩呢。
大：（翻頁，這時候孩子應該很有說故事的情緒，可留給孩子說）你可以告訴我發生什麼事嗎？

小：小猩猩從大象媽媽的鼻子下來，自己坐在石頭上哭了，他說他也想要抱抱。
大：那其他人做什麼呢？
小：大家看著他，覺得很傷心。
大：嗯，真希望我們可以給他一個抱抱，安慰他。
小：對啊，就像我昨天哭哭，爸爸給我抱抱一樣。（小孩若連結到生活經驗，記得趁機回應他。）
大：嗯，爸爸抱抱你、安慰你，你就不哭了，對吧？（翻頁）啊！你看，誰來了？
小：小猩猩的媽媽。
大：小猩猩的媽媽在哪裡呢？
小：樹上，她來找小猩猩了。
大：小猩猩的媽媽叫著小猩猩的名字「寶寶」。不知道黑猩猩媽媽接下來要做什麼呢？
小：她要去給小猩猩抱抱啊！你看大家都笑了。
大：應該是喔，來看看是不是真的這樣。（翻頁）嘿，真的呢！你好厲害！

小：小猩猩跑去找媽媽了。他們要抱抱了。

大：小猩猩叫著「媽媽」，往她跑去。媽媽從樹上跳下來，他們張開手臂要……

小：抱抱！

大：對了，要抱抱，你看，他們抱著好緊好緊。這次小猩猩不說「抱抱」了，是換誰說呢？

小：大家，大象、獅子、變色龍、河馬、長頸鹿、蛇……他們說「抱抱」、「抱抱」、「抱抱」。

大：咦，猩猩媽媽跟寶寶抱抱之後呢？發生什麼事？

小：小猩猩跑去抱大象媽媽。

大：對啊，小猩猩跑去抱大象媽媽了，真是有趣又奇怪。嗯，這是為什麼呢？（大人盡量也表現出意外的樣子，如果孩子一時無法

連結，就給予引導式提問：「他不是一直想抱他的媽媽嗎？怎麼突然跑去抱大象媽媽呢？」或者：「那他怎麼沒有去抱其他動物？」）

小：因為是大象媽媽幫他找到他媽媽的啊。

大：啊，有道理，要不是大象媽媽知道小猩猩想找他的媽媽抱抱，帶他一直在森林裡找的話，小猩猩可能還在樹林裡傷心哭著，對吧？你很聰明呢，我們快來看下一頁。（翻頁）嘿，這裡好熱鬧，發生什麼事呢？

小：小猩猩站在長頸鹿的頭上開心大叫「抱抱」！然後大家就開始抱抱。

大：對啊，小猩猩站在長頸鹿頭上兩隻角的上面，手舉高高的好開心。而且大家都在抱抱了。嗯，不過，好像有些不一樣，哪裡不一樣呢？

小：猩猩媽媽抱著獅子媽媽、小蛇抱著大象媽媽、小象寶寶抱著長頸鹿……蛇牽著變色龍、變色龍牽著獅子寶寶、河馬寶寶……他們抱成一個圓圈圈耶！

大：太棒了，你看得好仔細，他們不是只有抱自己的媽媽或寶寶，而是大家抱成一個大圈圈。抱抱萬歲！

小：抱抱萬歲！

大：你喜歡這個故事嗎？

小：喜歡。

大：為什麼？你最喜歡哪一頁？

小：因為好多抱抱，抱抱很開心。最喜歡大家抱成一個大圈圈；最喜歡小猩猩抱大象。

《抱抱》用到的互動閱讀技巧

我在模擬共讀的引導對話裡，孩子舉例的對話相對較少，並非刻意不讓孩子說得多。

真正的共讀實況，孩子講得可能比這些還多，我只針對引導互動寫出重點，讓說故事主軸可以清楚呈現。

孩子少說或多說都沒有關係，只要話題不跑太遠，大人適度拉回主線就好。

有些孩子可能在某一頁就猜到小猩猩要找他的媽媽，那麼大人就順著他的猜測，保留一點空間繼續說下去：「嗯，大象媽媽可能要帶他去找媽媽，我們來看看是不是。」

不要一下就破題。如此，說故事的人才能將「猜測與印證」的程序保留給孩子。

現在，我們來看這樣的互動帶讀，親子共同使用了哪些技巧，並達到哪些項目。

	內容	例句
標物	標出圖畫上的物名	小猩猩、大象、森林。

確認	確認孩子回答的對錯	「他不是小猴子，是小猩猩。」 「對了，他看到大象。」
擴展	在標物上增加資訊	小：「小猩猩。」 大：「一隻手臂張得大大的小猩猩。」
描述	描述圖畫的場景與狀態	大：「大象媽媽跟小象寶寶在抱抱，開心的抱抱。小猩猩看到了，很開心的舉起手，指著他們說：抱抱。」 小：「小猩猩從大象媽媽的鼻子下來，自己坐在石頭上哭了，他說他也想要抱抱。」
回饋	對於孩子反應的回應	對了、可能是喔、有道理、太棒了、你好厲害、你看得好仔細。
抽象語言	情緒、抽象等情境的理解	大：「真希望我們可以給他一個抱抱，安慰他。」 小：「他想要抱抱。」 「大家看著他，也覺得很傷心。」
預測推論	針對文圖提供的訊息，引導孩子做因果預測與推論	大：「你覺得他怎麼了，剛剛他還開心笑笑的，怎麼一下就不開心了？我們一起來想想。」 小：「可能因為他自己一個，沒有人跟他抱抱。」 小：「可能是小猩猩想要找自己的媽媽抱抱。」

內容		例句
補充知識	補充故事裡的一般知識	大：「他到森林去，森林是長了很多樹的地方，也是動物們的家。」
分享經驗	從故事連結到個人經驗	小：「就像我昨天哭哭，爸爸給我抱抱一樣。」
評價作品	討論對這本書的感覺、看法	大：「你喜歡這個故事嗎？」 小：「因為好多抱抱，抱抱很開心。」

鼓勵孩子推測別人在想什麼，建立成就感與同理心

《抱抱》這本書，雖然文字極簡，但中間幾處情節的設計，剛好可以鼓勵孩子進行猜測，讓孩子連貫前後幾頁的圖畫訊息，進一步做推理與印證，例如剛開始小猩猩突然變得不開心的原因，以及最後為何小猩猩跑去抱大象媽媽等疑問。

不過，因為大象媽媽首次帶著小猩猩同行的頁面，離後面小猩猩去抱大象的那頁有隔一些頁數，當孩子聽到大人提出疑問：「小猩猩

跑去抱大象媽媽了，真是有趣又奇怪，為什麼呢？」也許一時無法回想連貫。

這時，父母先別急著解答，可以表現出自己也需要思考的樣子，帶孩子翻回去前面的書頁，提醒孩子圖畫裡大象媽媽帶著小猩猩一同前行，應該有其動機。

若孩子已經很進入故事情境，大人這時只要丟出一點線索，孩子就會有興趣進行猜測。

孩子一猜，就表示他在運用線索進行推理，他的腦袋正在做美妙的運作，當他丟出可能的猜測時，就表示享受到「想通了」的樂趣。他若說對了，當然很有成就感。但即使猜錯，錯誤的經驗也同等重要，因為猜想本身就具有「創造」的意義，猜測不論對錯，都是在做創造性的思考，當然要鼓勵孩子多做。

鼓勵孩子猜想，另一個不容忽視的面向是，當孩子在推想的過程中，同時也達到作者藉故事訴求的「相互關心」、「相互幫忙」、「感激回饋」、「共感喜悅」等社會性的心智能力。

在對話中，當孩子被大人引導說出類似「因為只有他一個，沒有人跟他抱抱」時，那表示他的同理心已經啟動，因此當大人在這後面繼續引導其他動物的關注、大象的幫忙、小猩猩的回饋等情節，孩子的同理心便在過程中經過推想、領悟、移情等機制，獲得深化與極好的激發。

這就是大人在幫忙建立鷹架，讓孩子循序漸進爬上高品質學習的「近側發展區間」的道理。

現在，你應該可以更理解共讀歷程，一定要「讓孩子成為主體，大人扮演引導者」的重要性。

像《抱抱》這類書，如果父母只是按著印刷字唸讀，或者自己都把畫裡的劇情填充講完了，我們不能說孩子就沒了聽故事的樂趣，但可以確定的是，孩子會一直處在被告知訊息的被動姿態，不但無法學到親子互動中豐富的詞彙、單句、複句的練習，最重要的是失去了自己猜測、推論、發現、感受、分享的樂趣與成就，以及錯失強化社會性的心智功能。

仔細想想，同一本書，只是用不同的帶讀引導，帶給孩子的效能與意義竟然差別這麼大，大人怎能不謹慎以待？

親子共讀範例4

《One Gorilla》看似簡單的數數書，讓孩子變成哲學家與鑑賞家

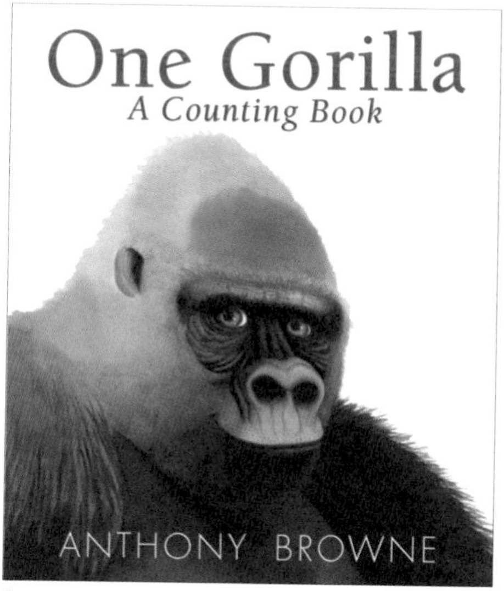

《*One Gorilla: A Counting Book*》
圖．文／安東尼．布朗；Candlewick（2013）

好品質的繪本，表面雖然看似簡單，內容卻有豐富的層次、抽象的價值建構，故事類的《抱抱》是一例，但即便是非故事類的數字概念書，內容設計也有充盈的人文意含，安東尼．布朗（Anthony

Browne）的《*One Gorilla*》（中文為「一隻大猩猩」）數數書就是經典的例子。

這本數數書，如果不細心閱讀，結果會跟《抱抱》一樣，教養者可能用兩分鐘就跟孩子一起從一數到十，囫圇吞棗的讀完了。但是，要是大人先讀懂這本書的內涵，依書中深度先行設計鷹架式的共讀引導，親子對話就會很豐富深刻，過程可以進行三十分鐘，甚至更長。

孩子不僅能認識數字與十種靈長類動物，也能碰觸尊重生命、每個生命都是獨特珍貴的個體、人類與動物應有平等和平的關係等高層次的哲學價值，實是一本價值觀開闊、極具深度的自然人文書。如果大人願意，還可以帶孩子討論作者的創作技巧，透過細膩的引導鷹架，能帶幼兒爬上的「近側發展區間」高度，會讓大人都喜出望外。

大：你看到什麼？（書封）

小：一隻猩猩。

大：嗯，一隻猩猩，是一隻笑笑的猩猩，還是哭哭的猩猩？

小：是一隻笑笑的猩猩。

大：對了，是一隻笑笑的大猩猩。我們來看故事吧。翻過來這一頁，哇，這裡有有好多好多的……？（前扉頁）

小：好多好多的彩色點點。

大：對啊，這裡有好多不同顏色的點點！有什麼顏色呢？

小：紅色、黃色、藍色……

大：真的好多顏色呢，比我們彩色筆盒裡的顏色都還多，對吧？來，再翻過來。嘿，這是一隻什麼呢？

小：猴子。

大：哇，很特別的猴子，尾巴好長，而且圖案很像一白一黑的斑馬呢。他叫狐猴，你看他跟狐狸一樣有尖尖的耳朵。

小：狐猴。

大：對了，是狐猴。好，再翻過來，這裡有一隻大猩猩。嘿，像不像我們剛剛看到的那一隻？（可翻回去對照）

小：像，像剛剛那隻笑笑的大猩猩。

大：一隻笑笑的大猩猩，他好像正在看著我們呢！來，翻過來，這裡有個二。這是兩隻什麼呢？

小：紅色的猩猩。
大：對了，他們的名字就叫紅毛猩猩。一隻大紅毛猩猩，一隻小……？
小：小紅毛猩猩。
大：對了，有兩隻紅毛猩猩，一隻大紅毛猩猩跟一隻小紅毛猩猩抱在一起，像是媽媽（爸爸）抱著你一樣，對吧！你覺得紅毛猩猩媽媽跟寶寶開心嗎？誰在看著誰呢？
小：開心，猩猩媽媽看著寶寶。
大：就像我這樣抱著你也開心的看著你，對吧？好，我們數完一跟二，再來是多少呢？
小：三。
大：很好，我們來看，翻過來是不是三呢？
小：有三隻猩猩。
大：太棒了，果然是三隻猩猩，而且顏色都不一樣，是什麼顏色的猩猩呢？
小：黑色的猩猩，一個媽媽（爸爸）跟兩個寶寶。

2
orangutans

and yours!

大：對了，他們就是黑猩猩。一隻大黑猩猩，兩隻小黑猩猩。嗯，這兩個小猩猩長得好像，是一模一樣的雙胞胎嗎？

小：可是他的嘴巴比較大，他的眼睛比較黑，他的……

大：嗯，你看得很清楚，他們的嘴巴、眼睛不一樣，連頭頂上的頭髮也不大一樣呢。好，三隻不一樣的黑猩猩，接下來數到多少了？

小：四。

大：哇，這裡有四隻好特別的猩猩啊！哪裡特別呢？

小：他們的鼻子都長長的，是紅色的。

大：對啊，好像紅色小喇叭的鼻子呢，他們的名字也很特別，跟前面的都不一樣，叫山魈（ㄒㄧㄠ），四隻山魈。嗯，他們長的都好像，可是又好像不一樣，到底哪裡不一樣呢？

小：這個山魈的頭尖尖的，這個山魈的頭扁扁的。那個……這個……

大：嗯，我還發現有兩隻山魈正在你看我、我看你喔。

小：這裡！他們在你看我、我看你。

大：對啊，這兩隻山魈在你看我、我看你。（跟孩子一起學著做動作）好了，數完四，再來呢？

小：五！

大：接下來會是五隻什麼呢？哇！一、二、三、四、五，是五隻狒狒！

小：五隻狒狒！你看這隻在瞪他。（因為前面的引導，孩子必然會主動注意差異）

大：這隻狒狒在瞪那隻狒狒，是生氣了嗎？嗯，我看到有兩隻狒狒在偷笑。

小：這隻跟那隻在偷笑……這隻好像在看我們。

大：有的狒狒在生氣，有的狒狒很開心。開心的有幾隻呢？

小：一、二、三、四，四隻。

大：還好，開心的狒狒比較多，希望這隻生氣的狒狒趕快開心起來！好，數完五，再來是什麼呢？

小：六隻猴子，他們顏色都不一樣！

大：對啊，好多顏色的長臂猿。他們的手臂很長，所以叫長臂猿，因為太長了，都快垂到地上的腳了，所以我們都沒看見。

小：這隻長臂猿嘴巴扁扁的。這隻在笑，那隻也在笑……

大：嗯，有什麼顏色的長臂猿？

小：黑色長臂猿、紅色長臂猿、橘色長臂猿、黃色長臂猿、綠色長臂猿、棕色長臂猿。

大：每隻長臂猿顏色都不一樣，而且樣子也都不一樣，真有趣。你喜歡哪一隻？

小：這隻……

大：好。六再來是？

小：七，有七隻小猴子！你看這隻猴子的頭髮好好笑。

大：你先發現了，好棒呢！他的頭髮好酷！這裡有七隻猴子沒錯。他們的名字叫蜘蛛猴。因為他們的手腳都細細長長的，掛在樹上，遠遠看就像一隻大蜘蛛。所以叫蜘蛛猴。嘿，我發現有一隻蜘蛛猴好像特別害羞？

小：這裡，這隻頭低低的，臉紅紅的。

大：又是七隻心情不一樣的猴子。這些猴子叫什麼名字，你還記得嗎？掛在樹上遠遠看很像……？

小：蜘蛛猴。

大：太好了，你記起來了。七，再來是八隻什麼呢？

小：八隻猴子！

大：對了，這種猴子臺灣很多唷！叫做獼猴，這裡有八隻獼猴。你有什麼發現嗎？

小：這隻獼猴眼睛閉閉，嘴巴扁扁，這隻兇兇的，這隻在偷笑……

大：對啊，這隻特別開心，笑得牙齒都露出來了，怎麼回事呢？

小：他的手抱著他呀。

大：哇，這麼小的地方，你都看見了，好棒的發現。他抱著他，笑得這麼開心。所以誰喜歡誰啊？

小：他喜歡他。

大：被他抱的這隻有不開心嗎？

小：沒有，他有點害羞，笑笑的。

大：真有趣！嗯，這裡頭有一隻獼猴，臉好像特別紅？

小：這隻嗎？這隻也很紅。

大：好，接下來是九隻什麼呢？

小：九隻猴子！

大：長相好特別的猴子，他們叫黑白疣猴，他們住在非洲。跟我唸看看，九隻黑白疣猴。

小：九隻黑白疣猴。

大：對，黑白疣猴，你看他們身上是黑的，但臉上都有一圈白色的毛。

小：他們頭上好像戴著帽子喔！

大：對呀，黑白疣猴，像是長著白色鬍子，戴著黑色帽子的猴子，黑白疣猴。

小：這隻黑白疣猴在看他，那隻黑白疣猴嘴巴嘟嘟的……

大：嗯，這九隻黑白疣猴好像都各有心事呢！接下來數到哪裡了呢？

小：十！

大：你還記得看過這種猴子嗎？我們一開始要說故事時有看到他？你找找看。

小：嗯。（翻頁）

大：記不記得我說他的耳朵尖尖的像什麼？狐狸的耳朵，對嗎？所以他叫……

小：狐猴。

大：太棒了，現在回來剛剛的地方，是幾隻什麼猴子呢？

小：十隻狐猴。

大：啊！現在這十隻狐猴，尾巴都好長，我看得眼睛都花了，告訴我，他們長得一樣嗎？

小：不一樣，這隻狐猴的臉好小，這隻的鼻子跟別的不一樣……這隻……

大：真的沒有兩隻是一樣的嗎？

小：真的沒有啊……

大：所以又是十隻不一樣的狐猴，好熱鬧。好吧，接下來數到哪？

小：十一。

大：（翻頁）哇，沒有猴子可以數了，跑出一隻大猩猩嗎？

小：不是大猩猩啦，是人。

大：哈哈，不是大猩猩啦，是一個男人，也長得很像猩猩啦，就像你也很像跳來跳去的小猴子啊！

小：呵呵。

大：這個男人說：「所有的靈長類動物，是一個大家庭，也是我的家人。」

小：什麼是靈長類動物？

大：靈長類動物就是我們剛剛說過的所有動物，你還記得他們嗎？我們一起來想想，有大猩猩，紅毛猩猩，黑猩猩……（可翻回去一個一個複習）

大：這些都是靈長類動物。靈長類動物有很多種，而且你知道嗎？我們人類也是靈長類動物的一種喔。很久很久以前，人類也是從猴子跟猩猩慢慢變來的，靈長類動物都很聰明。所以他才會說：「所有的靈長類動物，是一個大家庭，也是我的家人。」來，再翻過來，哇，他說不只是他的家人，也是我們的家人喔。這裡有好多人？有幾個呢？

小：一、二、三……

大：有小女生、小男生，有黑皮膚、白皮膚、黃皮膚……

小：有小孩，有阿嬤、阿公……

大：嗯，前面是小孩，後面的是老人。我很好奇，這麼多人，裡面有兩個一模一樣的人嗎？

小：沒有，找不到……這裡又有一個人眼睛閉起來了……

大：她可能剛好在眨眼睛，不過她笑得很開心。所以大家都長得不一樣？心情也不一樣嗎？

小：每個樣子都不一樣，心情也不一樣。

大：嗯，好多不一樣的人，有著不一樣的心情。再看看還有故事嗎？（翻到後扉頁）故事到這裡講完了，又出現好多的……？

小：好多的彩色小點點，跟前面的一樣。

大：嗯，我們剛剛看過了。嘿，那你覺得我們可以找到兩個一模一樣的點點嗎？

讓孩子理解每個生命都是獨一無二的

從引導的範例看來，當大人前面已經鋪陳：「我看得眼睛都花了，告訴我，他們長得都一樣嗎？」、「真的沒有兩隻是一樣的嗎？」、「我很好奇，這麼多人，裡面有兩個一模一樣的人嗎？」這些問答，等故事說到後扉頁時，大人再問：「嘿，那你覺得我們可以找到兩個一模一樣的點點嗎？」孩子會怎麼回答，已經很明顯了。

經過前面深刻的引導，這時他內心已經懂得，不可能找到兩個一模一樣的點點了。問他原因，他雖然講不出「因為每個人都有自己的生命與特色」這種答案，但他若講出類似「因為每個點點本來就不一樣，就像每個動物都不一樣」，就表示他真的碰觸到這本書的核心意含了。

孩子甚至不需要開口，他的會心一笑，你都知道他懂了。最後一個提問別具意義，可說是親子互動閱讀最美妙的時刻，作者的深義被看見，大小讀者之間也了解彼此接收到那份來自地心的祕密訊息，是妙不可言的互動回饋。

如果你的孩子閱讀經驗豐富，或年紀大一些如三、四歲，大人甚至可以跟孩子進一步討論作者的設計理念與技巧。別訝異，這是可能的。因為依照上面的引導，孩子已能感受到書中每個動物都有自己的樣貌與性情，已探究到「每個生命都很獨特」的哲理。這時大人可以再跳出作品，刺激孩子想這些問題：「為什麼畫家要把每隻動物都畫得不一樣？那不是很麻煩嗎？畫一樣的就好啊？」

如果孩子一下無法說清楚，就用相反的邏輯來幫助孩子釐清，問他：「我們先找找看，家裡有什麼東西是長得一模一樣的？」這時候，應該會找到像是兩條毛巾，三個杯子、四個盤子等物品。大人就可以幫孩子進一步區別，長得一模一樣的商品跟長得不一樣的動物，差別在於生命的有無。那麼，動物該不該像大量製造的商品，被畫成一樣呢？這個問題，就很值得孩子思索了。

要是手邊剛好有其他的認知數數書，也可以拿來比較，因為多數的數數書，動物都會畫得一模一樣，並沒有生命特質。當然，若討論到商品與動物的差異，也可以繼續深化當今的動保議題，例如，商品是用錢可以買的，那麼有生命的動物應該變成商品買來賣去嗎？如果在店裡看到一隻可愛的動物，買回家，看久了覺得煩了，像毛巾舊了就丟掉，好嗎？

大人依著孩子可理解的語言與經驗，試著讓他理解這些關聯後，再繞回書中探討為何作者要讓自己出現在書中（就是那個說「所有的靈長類動物，是一個大家庭，也是我的家人」的人），作家要告訴我們什麼呢？為什麼他在最後一頁又畫出各種各樣的人呢？針對這個問題，大人可以盡情發揮，讓孩子理解族群包容共存的意義。

若能討論到這裡，我相信當再問孩子前後扉頁上的設計：「那你覺得畫家為什麼要畫這些點點呢？」孩子的回答必定跟先前你問「你覺得可以找到兩個一模一樣的點點嗎？」時，有著不同且更深刻清晰的答案了！

以上觸及的層次，大人當然不必急著在第一次閱讀或短期內就做到。孩子會來來回回看作品，大人再適時發揮。當孩子理解了每個點的大小、形狀、顏色都不一樣，是在呼應動物跟人有著不一樣生命特質時，他也會發覺這本書的創作者跟其他書的創作者很不一樣。於是，當大人再跟孩子進一步討論喜不喜歡作者這樣畫時，孩子一定可以跟你表達他們比較之後的感受。

這時候，單單是他在進行思考與表達時，就證明他已經爬到閱讀的最高層次「作品技巧的理解與鑑賞」了。所以，誰說學齡前的幼兒無法理解創作技巧與評論鑑賞？當然可以。問題在於大人有沒有能力先看到作品的高度，願不願意建構鷹架，帶孩子爬上「近側發展區間」。而像前述的互動閱讀法，證明我們是可以做到的！

下一本書《哇哇大哭》，可以更清楚看到有無鷹架式引導的極大差異。

親子共讀範例5

《哇哇大哭》用文學與藝術來處理分離焦慮

《哇哇大哭》
圖．文／瀨名惠子；臺灣麥克（2014）

這本小書訴求的讀者年齡，約在孩子要上幼兒園的二到四歲間，內容主要為處理孩子開始上學的分離焦慮。作品的文圖設計精簡，卻饒富文學跟藝術的趣味與技巧，很適合做為親子共讀時，讓孩子讀來有趣、主動發覺線索、猜測，大人又可做深度引導的練習範例。

大：我們今天要來看這本書，喔喔，書封上面有個人在……？

小：哭哭。

大：對啊，是誰在哭哭？

小：小男孩在哭哭。

大：是小男孩在哭哭，而且哭得好用力，是哇哇大哭。（可以指著書名讀）

小：哇哇大哭。

大：發生什麼事呢？這個小朋友為什麼這麼傷心，一個人在那哇哇大哭呢？我們先來猜猜看。

小：可能肚子餓餓。

大：嗯，小寶寶肚子餓最常哇哇大哭了，那大一點的小朋友為什麼哭呢？

小：看不到媽媽、肚子痛痛、跌倒了……（充分讓孩子聯想猜測）

大：嗯，很多事情都會讓小朋友哇哇大哭，我們來看究竟是怎麼了（翻頁）。啊，又看到「哇哇大哭」四個字了。咦，可是怎麼有個小水桶在這呢？嗯，哇哇大哭跟小水桶有什麼關係啊，真奇怪？

小：可能小朋友不小心踢到水桶，腳腳痛痛就哇哇大哭了。

大：喔，有可能喔，如果踢到水桶，不但腳痛，也可能跌倒，那就更痛了。還有其他可能嗎？為何哇哇大哭跟水桶有關啊？真奇怪。

小：因為哇哇大哭，哭了很多眼淚，要拿水桶裝眼淚啊。

大：啊！哭得太傷心了，流了很多眼淚，要裝起來啊，這也很有道理喔！那，我們來看是怎麼回事吧。（翻頁）這裡寫說：「我喜歡上學，可是……」咦，這個「我」是誰呢？是誰喜歡上學呢？

小：是這個小朋友。（孩子應該會指向圖畫裡的小男孩）

大：你怎麼知道是這個小朋友？

小：因為他戴著帽子，媽媽要帶他上學啊。

大：啊，原來是這樣，小朋友穿綠色衣服，灰色吊帶褲，戴著黃色帽子。這個穿紫色衣服的是他媽媽，媽媽要帶小男孩上學，是這樣嗎？

小：對。

大：不過，他說「我喜歡上學」，接著又說「可是……」，是什麼原因讓他喜歡卻還要說可是呢？

小：可能小朋友喜歡上學，可是又不想跟媽媽分開啊！（這時候孩子會有很多發想：小朋友沒有帶玩具、他不喜歡那麼早起床等，就讓孩子盡量聯想）

大：好，我們來看看，究竟怎麼了（翻頁）。小朋友說：「我不要媽媽回家。」啊！他說：「我喜歡上學，可是，我不要媽媽回家。」原來是這樣啊！你好厲害，一下就猜對了！嘿，所以這個人是誰呢？

小：他的媽媽呀！

大：你怎麼知道他是媽媽？
小：因為他們都穿紫色啊……（親子可以往前翻頁確認）
大：對了，你觀察的真仔細，她真的是小朋友的媽媽，所以媽媽帶小朋友去上學，然後媽媽要回家了，媽媽正在做什麼呢？
小：她揮手跟小朋友說再見。
大：嗯，而且媽媽很開心的揮手說再見呢！可是小朋友說他不要媽媽回家。這時候，你猜小朋友會怎麼樣呢？
小：他會哇哇大哭！
大：啊哈（翻頁），你太厲害了！他真的說：「我哇哇大哭。」哎呀，原來是這樣啊。原來他就是這樣哇哇大哭的。但是，媽媽已經說再見了，怎麼辦才好呢？接下來會發生什麼事呢？（翻頁）
小：小女生也哇哇大哭了。
大：對呢，她也哇哇大哭。多了一個穿紅色衣服的小女生哇哇大哭。為什麼她也哭呢？
小：她看小男生哭，也想她的媽媽啊。

大：嗯，她可能也不想要她的媽媽回家。真糟糕，誰來安慰他們呢？（翻頁）哇，發生什麼事？

小：又多一個穿藍色衣服的小朋友哇哇大哭了。

大：「他也跟著哇哇大哭。」哇，現在有幾個小朋友哇哇大哭了呢？

小：三個。兩個小男生，一個小女生。

大：三個小朋友哇哇大哭了。我們再來看，接下來呢？

小：好多小朋友都哇哇大哭了。

大：對，「大家都哇哇大哭了」，現在有幾個小朋友啦？

小：一、二、三、四、五、六、七，七個小朋友在哇哇大哭。

大：最早哭的小男生在哪裡？紅色小女生在哪裡？總共有幾個小女生？幾個小男生呢？（這裡可以稍微逗留，跟孩子數數、辨識小朋友身上衣物的花紋）

小：這裡，那裡。三個小女生，四個小男生。紅色小花、紅色格子……

大：這下可糟了，全班的小朋友都哇哇大哭，哭得好傷心啊！你覺得他們會停下來嗎？
小：好像不會，他們一直哭。
大：如果不停下來，一直哭一直哭，會發生什麼事啊？
小：老師會叫大家不要哭……
大：要是老師剛好不在，小朋友一直哭，就像天空一直下雨一樣，會怎麼樣呢？
小：會淹水喔……
大：啊，真的淹水了，你看大家哭個不停，「大家的眼淚愈來愈多」，結果眼淚都淹到哪裡了？
小：這裡，超過小朋友的肚子了。
大：哇，都淹到胸部、超過肚子了，那他們要是再不停下來，會怎麼樣呢？
小：就不能呼吸了，很恐怖。
大：不能呼吸那就糟了，快啊，現在誰可以來救他們呢？
小：老師、媽媽……
大：快，我們看誰來救他們。（翻頁）哇！老師跟媽媽怎麼沒來？

怎麼跑出這麼多魚呢？這些魚從哪裡來的啊？（這裡可以先不照文字讀，讓孩子多個猜想、推論與發現的機會。孩子可能會有以下兩種回應）

小1：小朋友變成魚了。（如果孩子大一點，或前面引導的線索夠多，孩子可能直接能從衣服的花樣辨別是小孩變成魚了）

小2：海裡來的。（通常年紀小一點的孩子，如果一時無法理解是小孩變成的，很可能會回答海裡來的）

大：嗯，可是為什麼海裡的魚會跑來了呢？

小：因為眼淚太多，跟海連起來，魚就游過來了。（孩子在試圖為自己的猜測做因果推論，這是很棒的推論嘗試）

大：嗯，聽起來很有道理喔。那這裡有幾隻魚呢？（鼓勵之餘，大人要試圖建立更多線

大家都哇哇大哭。

索，幫助他們連結。）

小：有七隻。

大：那剛剛有幾個小朋友呢？

小：七個小朋友。（這時，孩子很可能連結起來，說「啊，是小朋友變的」，如果還沒猜到，可以繼續用衣服跟魚身上的花樣來刺激孩子，往前翻頁，兩相對照）

大：咦，這隻魚的花樣好眼熟啊……好像在哪裡看過？（鼓勵孩子翻回去對照）

小：小朋友變成魚了！你看他們身上的衣服都一樣。

大：啊！對耶，他們的顏色都一樣……糟了，七個小朋友都變成魚了！哇！那他們會不會游走啊？不知道誰會發現這些魚呢？

小：老師會發現小朋友不見了喔。

大：對啊，老師回來教室會發現小朋友都變成魚

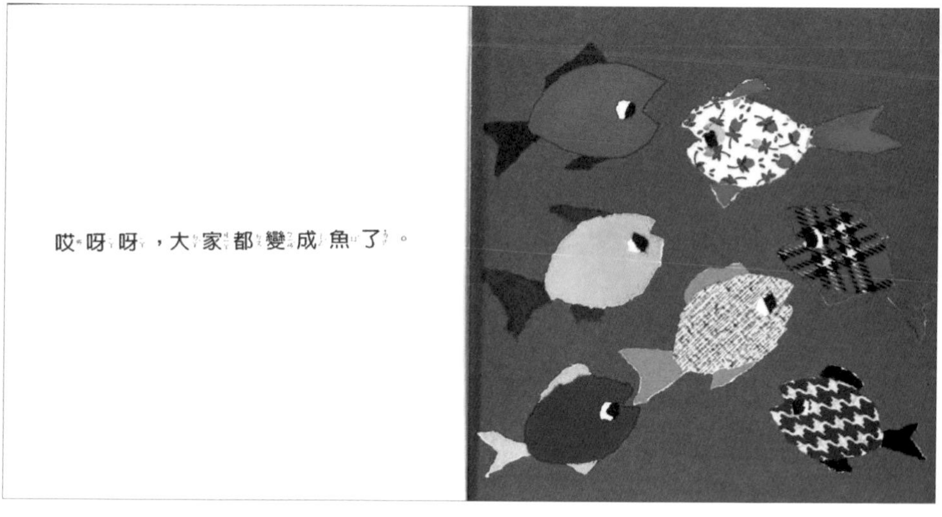

了，你看，這是誰？

小：老師。

大：老師真的發現了，那老師在做什麼？

小：她在打電話。

大：她看起來好像很……？

小：緊張、擔心。

大：是啊，老師發現小朋友都變成魚了，當然很緊張、擔心，那她會打電話給誰呢？

小：打給小朋友的媽媽、打給警察……

大：沒錯，「老師先打電話給媽媽。」那媽媽接到電話會怎麼樣呢？

小：會嚇一跳！

大：嗯，我們來看看，啊，他說：「媽媽就帶著網子跟水桶，……」這是剛剛那個穿紫色衣服的媽媽，對吧！

小：對，媽媽拿著水桶跟網子，就是剛剛那個小水桶。

大：啊，媽媽趕緊帶著網子跟水桶出門了，她要去哪裡呢？

小：去救小朋友啊！要快一點，不然魚就游走了。

大：好，快！（翻頁）真的是這樣，「媽媽就帶著網子和水桶，來救我了！」你看，有救成功嗎？

小：有！小朋友從魚變回來了！

大：太好了，那小朋友還有哭哭嗎？

小：沒有了。

大：這個不是眼淚嗎？（指著水滴）

小：不是，那是網子的水，小朋友現在不哭了。

大：啊！太好了，媽媽把小朋友救回來，小朋友也不哭了，真是開心。

豐富的猜測、推理與印證

在引導範例中，我在書封處就先鼓勵孩子猜測小朋友大哭的原因。由於小朋友常有哇哇大哭的經驗，一方面讓他們盡量聯想、表達，一方面也當作說故事的暖身。

如果大人願意，也可以在「哇哇大哭」這四個字上下功夫，讓孩子試著認識具備象形意象的「大」、「哭」，例如雙手雙腳張得大大的樣子，就是「大」、兩張嘴巴張得大大的掉下一大滴眼淚，就是「哭」。

「哇」也有一張拉長的嘴巴，兩個一樣的音，對照兩個一樣的形狀。這樣，後面孩子在看到「哇哇大哭」的字形就很容易辨識了。

大部分的大人，會忽略書上一些重要的元素，例如蝴蝶頁或小書名頁上的圖案。有些東西跟作者創作意圖有關聯，像前面《*One Gorilla*》蝴蝶頁裡的彩色點點，若在閱讀時忽略了就非常可惜。而這本書的小書名頁有個小水桶，其實也很有意思，因為它跟後面的情節有關，所以我會引導孩子意識到它的存在，並藉此讓孩子練習邏輯性跟創造性的發想。

因為我才跟孩子討論完小男孩哇哇大哭的幾種原因，當孩子還在猜想序列裡，我又接著問：「那哇哇大哭跟小水桶有什麼關係？」孩子就得把水桶放到剛剛他所想的情境裡去印證與聯想。例如，要是孩子剛剛說，小朋友肚子餓而哇哇大哭，這時他可能覺得水桶跟肚子餓的關聯離得有點遠，就會多想一個踢到水桶的可能。如果孩子剛剛說，被媽媽罵而哭，他可能會繼續推想是因為哭很久，所以要拿水桶裝眼淚。

我曾經在一個公開場合碰過一個三歲小女孩回答我：「因為小朋友很傷心，要拿水桶把他的傷心裝起來。」她詩性的語言，令在場其他大人都倒抽一口氣，驚奇不已。還有許多孩子提出非常有創意的聯想，像是「水桶蓋住小朋友的頭，黑黑的看不見，很害怕，就哇哇大哭」、「他要用水桶提水澆花，可是打翻了，就哭了」、「他哭得很傷心，所以要去用水桶裡的水洗臉」。孩子不只天生是個詩人，也是創意家跟邏輯家呢！

這本書我一開始選擇照著文字讀「我喜歡上學，可是……」，一方面是它的印刷字少，一方面是因為他用「我」開頭，這對幼兒來說比較親近，可以讓孩子一下知道那個第一人稱就是小男孩，他們會感知這是一個小男孩在說自己的故事。而我也可以順著它的敘述，刺激孩子思考語言邏輯的使用：「小男孩說他喜歡上學，怎麼又說『可是」呢？」

當我一問，孩子會回到他自身去反思，因為他們必定有不少這種很想卻又不想的矛盾經驗。

當引導的問題一來，他會在那個脈絡下思索，什麼情況會讓人既喜歡又擔心？「他不喜歡早起」、「他想要帶玩具去學校」、「他希望媽媽不要離開他」等答案就會出來了。

若第一頁有充分討論牽著小朋友手去上學的可能是主角的媽媽，孩子也猜到主角不想跟媽媽分開。那麼翻到下一頁，印證了他的猜測，孩子就能獲得樂趣跟成就。若沒猜中，孩子也會從中修正。

接下來書中兒童加入哇哇大哭的頁面，大人除了可以陪孩子數數，也盡量讓他多停留在兒童衣服上的花樣，這是為了幫助他在後來兒童變成魚的那一頁時，增加他自己察覺判斷的機率。而七個兒童一起哭時，大人也可以先引導到「淹水」的可能性，這樣當下一頁淹水的畫面出現時，孩子會再享受一次印證的樂趣。但記得，要跟他們一起享受「意外」，並邀請孩子推想可能的情境。

接下來那一頁非常關鍵，我選擇不照著字讀的原因，是因為文字提早破題，既然幼兒還讀不懂文字，那麼做為帶讀者，就可以幫孩子多爭取一些思考跟享受趣味的機會。因此，孩子本來期待有人來安慰哭到淹水的孩子們，可是翻頁過去卻被一群魚打壞了猜想程序，那麼「怎麼跑出這麼多魚呢？」、「這些魚從哪裡來的啊？」，自然就成為猜測不對後必須解決的疑問。

當然，我這樣問，年幼的孩子如果沒辦法一下連結到魚跟孩子的關係，我就必須負起陪他們繼續解題的責任。

孩子可能很直觀的回答，魚是河裡或海裡來的。這也是很好的回答，那我就可以問：「對喔，可是魚本來是生活在海裡或河裡，怎麼會出現在這裡呢？」我這麼一問，孩子又必須為他的回答負責、詮釋因果，他可能就會說：「因為小朋友眼淚流太多，跟海水連起來，魚就游過來啦！」

這的確是一個四歲小孩給我的答案，我對他的聯想感到很滿意，便說：「聽起來有道理，有可能是這樣喔，不過，剛剛那些小朋友都跑到那去了呢？」

這時，小朋友又會被我拉回前面的情境思索：「對啊，小朋友們呢？」他就可能更接近魚變身成小朋友的關聯了。

如果孩子還想不到，就繼續幫他們建立線索的鷹架，陪他們數數、翻頁，用數量「七」跟魚身上的「花樣」兩大線索，引導他們到自己能說出「啊，小朋友變成魚了」的發現。

我的姪子在不到三歲、我帶他第一次讀這本書時，在翻到魚這頁的第一時間，就經歷他人生第一次這種非凡的閱讀成就感。他先盯著書上的魚，然後自己翻到前面一頁、翻回來、再翻回去。然後，他轉頭瞪大眼睛對我說：「姑姑！」我知道他已經想到了，便故意裝出一臉期待，聽他宣告：「怎麼了？」然後他慎重其事的說：「我跟你說，小朋友變成魚了！」

當我聽到「我跟你說」這幾個字，我知道先前花了點時間跟他討論主角的穿著，果然發揮作用了。他正享受著「我比你先發現」、「我自己發現的」這種成就感。所以，我刻意回：「真的嗎？」讓他進一步用更確實的線索推論給我看：「你看，這隻綠色的魚跟小朋友穿的一樣，其他的魚也是！」當孩子掌握這個關鍵，後面的樂趣也會相形加倍，因此當媽媽拿著網子跟水桶出現時，他們就更懂得其中幽默，哈哈大笑了。

孩子也是小小鑑賞評論家

從文學研究的角度來說，這本書是兼具社會功能與文學藝術特性的好作品，其關鍵的轉換，就在於作者把哭不停的小朋友變成魚這一頁。因為眼淚積成水，淹水變成了河水或海水，而水裡有魚，魚在水裡是快樂開心的。兒童的分離焦慮就在「如魚得水」的巧妙轉化下，悄悄化解了。

所以，七隻魚出現的那一頁，魚已經不再有眼淚，而最後一頁，孩子因為媽媽的出現，在網子裡變回原來的樣子，臉上也沒有眼淚，這些轉換跟細節都非常重要。

「分離焦慮」在文學藝術技法的輔助下，不但獲得轉換，還生成了幽默。

因此，當我引導孩子對這部作品有了強烈的感受時，我便很容易再回來跟孩子討論這些創作技巧。我可以問「喜不喜歡孩子變成魚的那一頁？」、「喜歡或不喜歡的原因是什麼？」、「小朋友在故事裡變成魚，好不好？」、「如果作者把那一頁的小朋友都改成貓咪，這樣好嗎？」孩子若知道貓怕水，他就會遲疑或搖頭。「那改成七顆石頭好嗎？」孩子通常會覺得變成石頭沉到水裡或感覺石頭好像不是活的，也會覺得不妥。

光是這樣來回帶著他們模擬跟比較，孩子們其實就正進行「鑑賞分析」的工作了。

等和孩子討論一輪，再回來想想「嗯，作者把孩子變成魚這招好像很不錯」時，孩子已經達到「評論鑑賞」的層次了。

關於作者表現技法的討論，也可以用在媽媽帶著網子跟水桶前往搭救那頁，以及最後魚變回孩子那一頁，都會讓親子的討論精采而深入。

這本書，有一次我在閱讀工作坊裡刻意做了實驗，我沒事先講述分析作品，就先讓國小教師們自由發揮來帶領。果不其然，老師們出現不少諄諄教誨的毛病：「小朋友上學是應該的啊，媽媽爸爸要上班很辛苦，你哭了，他們就不能好好上班了。」

也有不少老師出現自行填空的毛病，像是第一頁就先說：「小朋友喜歡上學，可是不喜歡媽媽回家，就哭了。」、「你看喔，他們一直哭，等一下就要淹水了。」、「媽媽就拿網子去把小朋友撈回家了。」而最糟糕的毛病，莫過於說故事的人破題兼恐嚇：「小朋友，老師今天要講一本書，是說一個小男生不乖，不乖乖上學就哇哇大哭，害其他小朋友也哭，然後就全部變成魚的故事。」

現在，我們可以想想，一個用恐嚇破題的說故事法，跟一個鷹架式引導互動的說故事法，這兩個結果是不是南轅北轍？前者的孩子不但完全沒享受到思考、發現、評論的樂趣，還可能蒙上一層「變成魚」的陰影。後者的孩子，即使他正處在分離焦慮的關卡上，透過深度討論與鑑賞，擔憂已被化解大半，隔天上學時還很有可能跟他的父母展現他的幽默感：「爸爸媽媽，你們要把水桶跟網子準備好喔，萬一我今天變成魚，要記得來撈我唷！」

親子共讀範例6

《晚安，猩猩》

透過推理，建立生命價值觀

《晚安，猩猩》
圖・文／佩琪・芮士曼；上誼文化公司（2015）

這本書的結構類似《抱抱》，印刷字簡要，但畫面的故事性卻非常豐富又有內涵。若光是照著文字唸讀，只會不斷重複「晚安」和七種動物的名稱。但真要仔細引導，書中豐富的猜測推理機制，使得內容極有深度，在互動共讀的過程中，不但可以充分擴充孩子的語言與思考能力，也可以建立遼闊的生命價值觀。

大：這本書叫《晚安，猩猩》，你覺得，「猩猩」是這四個字裡面的哪兩個字？

小：這兩個。（孩子應該會找兩個形狀相同的字）

大：對了，好棒，這本書的封面除了書名，你還看到什麼呢？

小：小猩猩與一個人。

大：猩猩的手上拿了什麼？另一隻手這樣比，是什麼意思？猩猩跟這個拿了手電筒的人又有什麼關係呢？我們來看看好嗎？（書名頁）

小：拿鑰匙。他偷偷拿的，所以要別人不要說。小猩猩從他身上偷拿的……

大：嘿，我們又看到書名了，書名叫……。這裡

的小猩猩在做什麼呢？

小：「晚安，猩猩」。他在盪圈圈，走路，那裡有一根香蕉……

大：嗯，小猩猩踮腳尖輕輕走路，好像要去做什麼事呢！來，我們來看他要做什麼吧！（翻頁）這個人說了：「晚安，猩猩！」你覺得這裡是哪裡呢？有很多的籠子，籠子裡有動物的地方叫什麼呢？

小：動物園。

大：對了，是動物園，那這個拿著手電筒說「晚安，猩猩」的人會是誰呢？

小：警察先生。（孩子若認出制服，通常會先講警察先生或警衛）

大：嗯，看起來很像警察的制服。不過，在動物園裡工作、保護動物的人叫「動物管理員」，我們叫他管理員，好嗎？

小：好，管理員。管理員跟小猩猩說晚安。

大：對。但是，管理員好像怪怪的，他怎麼了？

小：他頭低低的，手電筒也低低的，可能想睡覺了。小猩猩在偷拿他的鑰匙。

大：是啊，月亮都爬到高高的地方了，他看起來很累的樣子。你一下就看到小猩猩在做什麼了，好棒。原來他剛剛踮腳尖就是想做這件事啊？

小：籠子裡還有好多東西，有腳踏車、玩具、這裡有一隻小老鼠、氣球……

大：嗯，小猩猩的房間真有趣。看起來，是這個管理員忙了一天，準備休息了，所以他跟小猩猩道晚安。沒想到，小猩猩在拿他的鑰匙！那管理員知道嗎？

小：不知道，因為他很累了。

大：對啊，小猩猩碰到鑰匙了。那你覺得他拿鑰匙想做什麼呢？

小：好玩，或想打開籠子。

大：這裡，籠子的門上有可以插鑰匙的洞，不知道小猩猩拿鑰匙是不是想打開籠子出來呢？對了，你剛剛發現的老鼠好像拉著線，他在做什麼呢？

小：他想要拿氣球。（孩子通常認為老鼠要的是氣球）

大：有可能喔，你也喜歡氣球對不對？

大：小猩猩的房間真的有好多東西啊！（如果孩子前面沒發現上述細節，就帶孩子再看一遍）

小：有剛剛他在盪的圈圈／輪胎、腳踏車、玩偶、很多樹、一大串香蕉、書……

大：那小猩猩的房間有這麼多玩具了，他拿鑰匙是想要玩，還是要開門呢？

小：開門。（如果孩子回答開門，就可以進一步跟孩子討論為什麼他想出來）

大：嗯，可是小猩猩的房間有好多東西可以玩了，也很舒服，有樹有香蕉啊，他為什麼還是想出來？

小：外面更大更好玩啊！

大：嗯，有道理，我們來看看是不是這樣。（翻頁）

小：小猩猩出來了。

大：（看左頁）哇，他出來了，他是怎麼出來的呢？

小：他真的拿鑰匙開門。

大：對了，他拿了鑰匙放到洞裡，把門打開了，好聰明的小猩猩。

你有看到他拿什麼顏色的鑰匙開的呢？

小：紅色。

大：為什麼要拿紅色的呢？

小：因為跟籠子的顏色一樣。（孩子會需要一點時間思考）

大：好棒。那除了這個，你還看到什麼？

小：氣球的線斷了，氣球飛走了。

大：（翻回去、翻回來）對啊，氣球飛走了，可是小老鼠不是想要氣球嗎？

小：可能不小心讓氣球飛走了，小老鼠現在在這裡。

大：啊，他在那裡做什麼呢？

小：他用繩子拉著香蕉。

大：咦，為什麼會是拿香蕉呢？（再翻回去看，發現原來線的另一頭可能綁著香蕉）

小：他拉著繩子，繩子綁著香蕉。

大：嗯，真奇怪，要香蕉做什麼呢？而且他為什麼要用繩子綁呢？如果他要香蕉，就把香蕉丟到地上不就好了？

小：用丟的，香蕉會爛掉啊。

大：啊，原來是這樣，小老鼠好聰明，為了不摔爛香蕉，先用繩子把香蕉垂到地上，然後他再抱著香蕉（右頁），看來你跟小老鼠一樣聰明呢。你看，小猩猩跟在管理員後面走，管理員這時候好像跟剛剛不一樣了。哪裡不一樣？（再翻回去讓孩子對照）

小：管理員眼睛張開了，手電筒也舉起來了……

大：喔喔，會不會他聽見什麼、感覺到什麼了？不知道有沒有發現他的鑰匙被小猩猩拿走了？我們來看看吧！（翻頁）嘿，管理員有發現小猩猩嗎？

小：沒有。他往前走。

大：嗯，好像沒有，他的頭又低低了，拿手電筒的手也垂下來了。現在，他走過了誰的籠子？

小：大象。

大：嗯，他走過了大象的籠子，並且說了：「晚安，大象！」這時候，小猩猩跟在後頭，小猩猩轉頭看著哪裡？

小：大象。

大：嗯，你覺得大象看到小猩猩會想什麼呢？

小：會想說，為什麼小猩猩跑到籠子外面呢？

大：對啊，大象一定覺得很奇怪。那你覺得大象也會想出來嗎？

小：想。

大：那你猜小猩猩會不會想幫大象開門？

小：會。

大：我也覺得會，那小猩猩要用什麼開門？

小：他有鑰匙啊，拿鑰匙開門！

大：太好了，我們來看看他會不會幫大象開門，看看大象有沒有出來，好嗎？（翻頁）嘿，有嗎？

小：有，大象出來了。

大：他真的幫大象了開門。嘿，如果你是大象，開不開心？

小：開心，然後小猩猩現在正在幫獅子開門。

大：小猩猩用什麼顏色的鑰匙開門呢？

小：藍色的鑰匙。

大：對了，他用藍色的鑰匙幫獅子開門，那剛剛小猩猩用什麼顏色的鑰匙幫大象開門呢？

小：粉紅色。（孩子應該會自己翻回去看）

大：太棒了！他用粉紅色的鑰匙跟藍色的鑰匙幫大象跟獅子開門。那管理員有發現嗎？

小：都沒有，他現在眼睛閉起來了，手電筒也照著地上，他一定很想睡覺。

大：對，他一定很累很想睡覺了，但是他並沒有忘記跟獅子說什麼？

小：說「晚安，獅子」。

大：太棒了，他說了「晚安，獅子」。好，獅子正在啃骨頭，猩猩正在開籠子的門，大象走在後面，那小老鼠呢？

小：小老鼠很努力拉著香蕉，剛剛用抱的，大概手痠了，換用拉的。

大：小老鼠好認真拉著跟他差不多大的香蕉。那，我們來看獅子會不會出來好嗎？

小：好。（翻頁）

大：嘿，這裡好熱鬧，你可以告訴我發生什麼事嗎？

小：獅子出來了，狗狗跟長頸鹿的籠子也打開了。管理員繼續往前走，都沒發現發生什麼事。

大：謝謝你告訴我，小猩猩拿了什麼顏色的鑰匙幫長頸鹿開門呢？

小：綠色的鑰匙。

大：對了，他拿綠色的鑰匙開長頸鹿的籠子，拿黃色的鑰匙開小土狼的籠子。這隻動物叫小土狼，他長的很像狗狗，不過他是土狼喔。跟我唸一遍：小土狼。

小：小土狼。

大：太好了，所以現在有幾隻動物都出來啦？一起來點名、數數看。

小：有小猩猩、小老鼠、大象、獅子、小土狼、

長頸鹿。

大：共有幾隻動物呢？好熱鬧呢！

小：共有六隻動物。

大：那管理員先生發現了嗎？他知不知道發生什麼事？

小：沒有，他不知道。

大：有誰知道發生什麼事啊？

小：動物們啊！

大：還有誰知道？

小：我們知道！

大：對了，我們跟動物都知道發生什麼事，真有趣，對吧。我想，管理員一定累壞了！不過他可不會忘記做一件事，這時候，他會說什麼呢？

小：他會說：晚安，小土狼！晚安，長頸鹿！

大：沒錯，管理員就是這麼說的。晚安，小土狼！晚安，長頸鹿！嘿，那你覺得動物園裡，還有其他的動物嗎？

小：不知道。

大：你想想嘛，小猩猩是怎麼開門讓大家出來的？

小：拿鑰匙開門的啊。

大：對啊，那小猩猩手上還有鑰匙嗎？

小：啊！還有一隻動物！因為還有一把鑰匙。

大：啊哈，太棒了。我也覺得應該還有一隻動物被關著。我們來看，接下來管理員要走到哪裡去。（翻頁）

小：這裡還有一隻。

大：真的還有一隻，對吧！嗯，這隻動物樣子滿特別的，他的籠子跟別的動物籠子長得也不一樣。

小：是老鼠嗎？（孩子應該會說老鼠或豬）

大：樣子有點像老鼠對不對，不過他不是老鼠，他的名字也很特別，叫犰狳，是生活在美洲的動物。管理員彎腰說：「晚安，犰狳。」你可以跟著說一遍嗎？

小：「晚安，犰狳」。

大：很好，「晚安，犰狳」。那你覺得小猩猩會幫犰狳開門嗎？

小：會。

大：我想也會。不知道管理員會不會快要發現了？我們來看。（翻頁）發生什麼事了？犰狳出來了嗎？

小：出來了！在這裡。動物都跑出來了！

大：犰狳跟在最後面，喔喔，都跑出動物園了嗎？我們來看看是不是都到齊了？有小老鼠……

小：小老鼠、小猩猩、大象、獅子、小土狼、長頸鹿、犰狳。

大：太好了，大家都到齊了，你也都記住了。他們排隊排得長長的，一個接一個，是要去哪裡呢？

小：跟管理員回家，這裡是他的家，但管理員都不知道發生什麼事。

大：動物們要跟管理員回家，可是管理員這時候累壞了，只想趕快回家做什麼？

小：回家睡覺。

大：那動物們跟著他回家要做什麼呢？

小：玩／睡覺／不知道。

大：來，我們來看看，啊，他們都走進管理員的家，經過了哪裡？

小：客廳。

大：客廳的牆上有什麼？

小：有很多的照片。

大：看得出來是什麼照片嗎？

小：管理員跟他的太太……

大：喔，所以管理員應該結婚了，有個管理員太太嘍，管理員這時候會走到哪裡去呢？

小：他要去房間睡覺啊。

大：對了，他應該想趕快回到他的房間睡覺。（翻頁）這裡發生什麼事呢？

小：管理員在脫鞋子，管理員太太已經在睡覺了。動物們也要睡覺……

大：管理員太太頭上的燈還開著，我想她應該故意留著亮亮的燈，等管理員回來吧？這時，管理員把手電筒關掉，放在床邊，脫鞋子準備睡覺了。其他的動物也都找好自己的位子。管理員知道發生什麼事嗎？

小：不知道。他太累了。你看，小老鼠爬到這裡。

大：小老鼠好用力拉香蕉啊！繩子很有用呢！你看，小土狼跟誰捲在一起睡？

小：狁狳。大象跟長頸鹿一起睡，獅子在床旁邊，只有小猩猩爬到床上。

大：喔喔，小猩猩這樣很容易被發現吧？

小：那就糟了！不過管理員太太眼睛現在是閉著的。

大：好，大家各就各位，準備睡覺了，希望不要被發現才好。（翻頁）嘿，有被發現嗎？

小：好像還沒有，大家都閉眼睛了，小猩猩睡在床上，小老鼠睡在抽屜裡，管理員太太轉身準備關燈。

大：嗯，她準備關燈，還說：「晚安，親愛的！」你覺得管理員太太是在跟誰說晚安？「親愛的」是誰？

小：是管理員啊！

大：對了，她雖然眼睛閉著，卻知道他的先生回來了喔，所以他先跟管理員說晚安。就像媽媽爸爸每天會跟你說晚安，然後你也會跟我說什麼？

小：說晚安。

大：對，我們互相說晚安，好了，準備關燈吧！（翻頁）

大：哇，房間暗了，出現好多的聲音，發生什麼事？

小：晚安。（如果孩子已經認得「晚安」這個符號，就讓他試著說）

大：對啊，晚安，晚安，晚安，晚安，晚安，晚安。這些是誰說的呢？

小：動物們嗎？大象、長頸鹿（試著跟孩子分辨印刷字大小跟位置，猜測是哪些動物的回應）

大：嗯，今天很奇怪。平常，管理員回家後，管理員太太跟他先生說：「晚安，親愛的！」應該是聽到幾聲晚安呢？

小：一聲啊，但管理員太太不知道動物統統跑出來了！動物都在跟她說晚安。

大：對啊，她聽到這麼多晚安，會不會嚇一跳？

小：會！

大：（翻頁）嘿！這是誰的眼睛？

小：管理員太太。（如果孩子一下沒想出來，可以陪他翻回去前兩頁）

大：嗯，是管理員太太嚇一跳的眼睛？還是管理員嚇一跳的眼睛呢？（翻頁）啊哈！你猜對了，真是太棒了，是誰又醒過來，把燈打開了？

小：管理員太太又把燈打開了，而且她發現動物們都跑到他們的房間了。小猩猩在偷笑，小老鼠爬起來了，大象跟長頸鹿知道被發現了。

大：她真的嚇了一跳，嘴巴都張開了。管理員有醒過來嗎？

小：沒有，他太累了。睡著了。

大：嗯，你猜，管理員太太接下來會怎麼做呢？是會讓動物們留下來過夜，還是帶他們回去

動物園？還是叫醒管理員呢？你希望動物留下來嗎？

小：可能會……我希望他們留下來。

大：好，我們來看看接下來發生什麼事。（翻頁）結果是？

小：哇，她又把動物們都帶回去動物園了。

大：對啊，他要大家統統回去動物園。來數數看，是不是所有動物都被帶回去了呢？

小：小猩猩、大象、獅子、小土狼、長頸鹿、小老鼠、犰狳。

大：哎呀，他們統統被發現了，好可惜，只好回去自己的房間睡嘍。（翻頁）結果呢？

小：小猩猩跟小老鼠又跑回來了！

大：啊，管理員太太這次說：「晚安，動物園！」她一定以為大家都乖乖回到籠子裡睡覺了。沒想到，小猩猩跟小老鼠又偷偷跟在後面，他們是怎麼回來的？（手上拿了什麼？）

小：小猩猩又拿到鑰匙開門了。

大：你看，小猩猩面對著我們，把手放在嘴巴上，是什麼意思？

小：他叫我們要小聲，不要把他的祕密說出來。

大：啊對，因為我們看見他在做什麼了，所以這次要更小心一點，不要再讓管理員太太知道了喔。你看，管理員太太也累了，換她閉著眼睛、手電筒拿得低低的。

小：要小聲一點，才不會被發現。

大：好的，他們一路靜悄悄跟著管理員太太回到房間。管理員太太又開口說話了，她說：「晚安，親愛的。」她是在對誰說呢？

小：管理員。

大：這次管理員聽到了，有回答她喔，他說：「晚安。」然後還發生什麼事？

小：小猩猩跟小老鼠爬到棉被裡了！

大：啊哈，這次小老鼠不睡抽屜了，而是跟小猩猩一起從後面的棉被爬進去。（翻頁）大家都躺得好好的。這時，換小老鼠很小聲、很小聲的說：「晚安，猩猩！」

小：因為小老鼠講話很小聲，所以管理員太太就沒聽見了！

大：太好了！大家都睡著了，晚安嘍！

小：晚安！

還有更多有趣的線索，等著親子一起發現

細讀這本書的「視覺敘述」，你會發現故事情節遠比「文字敘述」所表達的內容複雜多了。而且若沒能前後仔細對照思索，很多成人只會留下「小猩猩很調皮，把動物園裡的動物都放出來」這樣的印象，而忽略書中好幾條具有意義的敘述線。像是，小猩猩拿著鑰匙一個一個開門，鑰匙顏色與籠子顏色的關係。小老鼠與氣球的關係、小老鼠與小猩猩的關係，以及更深刻的故事意含，作者傳達了什麼樣的動物觀或生命觀。

以下分成幾個特點進一步分析：

推理：在示範的對話裡，我事先引導孩子觀察鑰匙與籠子的關係，是因為大人先架起這個鷹架，等到後面再提出：「那你覺得動物園裡，還有動物嗎？」這樣的問題才有意義，孩子才有辦法依循這個鷹架，找出小猩猩手上還「剩一把鑰匙」的關鍵線索，而推論出還有一隻動物被關著。

這是個很高階的互動對話，孩子需要同時運用多種心智能力，才

能給出一個有依據的推理答案。然而只要我們設好鷹架，孩子要達到高層次的思考並不難。孩子從中獲得的滿足與樂趣，肯定遠遠超過挑戰的難度。其實這本書還有不少地方，能激起類似的高階思考互動對話呢！

同理：當我問出以下問題：「你覺得大象看到小猩猩會想什麼呢？」、「那你覺得他也會想出來嗎？」、「你猜小猩猩會不會想幫忙開門？」等同邀請孩子置入不同角色，揣摩他人立場。如果小猩猩從籠子出來，感受到其他動物也想出來，會不會幫忙開門，這是移情能力加上判斷能力。當你進一步問孩子：「他真的幫大象開門了。如果你是大象，開不開心？」就更進一步讓孩子發揮同理心，從設想大象「想從籠子出來」的立場，到被小猩猩理解，並透過有效的行為而達成反饋的「開心」心情。

觀察：在閱讀中，大人的不斷提問，就是在刺激孩子觀察現況與連結前因後果。不過這個故事還有許多有趣的線索，我並沒有一一在示範對話裡提到。例如，可以帶孩子觀察，動物們進到房間時，床頭櫃上的鬧鐘告訴讀者事件發生的時間：從十點，到後來管理員太太再回去房間時，已經經過半小時的折騰。還有，那顆粉紅色的氣球，從第一頁到最後一頁都在畫面裡，雖然愈飛愈高、氣球影子也愈來愈小，但它一直都在，很多大人都沒注意到這點。

另一個重要的觀察是，幾乎所有的讀者都以為小老鼠一開始是想要那顆氣球。但其實他從頭到尾守護著香蕉，直到最後一頁，香蕉才被吃掉。如果大人問孩子，是誰吃了香蕉呢？親子才有機會討論並明白：原來，香蕉是給小猩猩吃的，因為那是小猩猩最愛的食物。而且，版權頁上也透露些許小猩猩拿著剝皮香蕉的線索，再者，身體迷你的小老鼠，不可能自己吃完一整根。

這時，讀者才會恍然大悟，小老鼠其實跟小猩猩是超級好朋友，一路替小猩猩著想，忠心耿耿又心甘情願的為他扛著消夜。相信要是小老鼠想吃，小猩猩肯定也會和好朋友分享的。當大人帶孩子跑完「小猩猩解放其他動物」這條主要的敘述線後，再回頭品味其他小細節，拼出這條動人的副線時，肯定令人莞爾，回味良久。

察覺：你會發現，在對話範例中，我一直要孩子去注意管理員知不知道發生了什麼事。這是因為，我要提醒孩子閱讀這個故事的樂趣，有個關鍵的「後設觀點」運作，也就是整個故事，只有管理員不知道發生什麼事，故事裡的其他角色全都知道，讀者也知道，而這個機制，是構成這故事有趣的主要設計。因此，我問「管理員知道發生什麼事嗎」，是在提醒孩子對於知與未知兩種邏輯的差異保持覺察；我問「有誰知道發生什麼事啊」、「還有誰知道」，則是刺激他去覺知自己做為一個讀者的特權。

我有個姪子在三歲讀這本書時，我帶著他先確認「管理員不知道發生什麼事」，到了後面我又問：「還有誰知道？」，他回答「我們知道」時，臉上靈光乍現的得意神情告訴我，那是他生平第一次覺知自己做為讀者的神聖意義。也因為我明白他覺知後非常享受這個後設立場，讀完故事後，我再追問孩子：「這個故事裡，從頭到尾發生的事情，誰知道最多？」這麼一問，孩子又興致盎然的想弄懂，因而察覺動物們加入的先後與讀者全知的觀點是有差別的。

當孩子被我推往更細的結構去思索問題時，他才有機會釐清，始作俑者的小猩猩，正是知道最多事情的那個角色，接下來就是讀者了，讀者在小猩猩伸手拿鑰匙時，才開始看見事件的開端，其他動物接著看到後續發生的事。而當孩子覺知這種後設觀點後，才能明白為何最後小猩猩跟小老鼠又一次溜出動物園時，小猩猩要對著讀者的方向比「噓」的手勢。

理解：做為一個兒童文學研究者，這本書還帶給我更深層的感動，也就是創作者芮士曼的動物觀點。

在人類史中，動物園出現與存在的時間並不長，演變至今，因為動物保護觀念的提昇，動物園漸漸從娛樂性質轉變為兼顧保育與教育的機構。然而，很多童書裡的動物園，「動物被抓起來關到籠子裡服務並娛樂人類」的意識型態，還是理所當然，且比比皆是。因此，當我讀到這本書時，我讀到了創作者內在的聲音，她找到幼兒能理解的情境，巧妙解構了商業性的「動物園」。

首先可以看到，芮士曼將每個籠子裡的環境，都畫得極有人性，有蓊鬱的樹林、玩具、食物等。再來，她讓和人類關係最親近的靈長類小猩猩來執行解放任務。小猩猩懂得使用工具，所以偷拿鑰匙幫自己開門，又幫其他同伴開門。接著，創作者又表達，動物們想要的自由不過就是家庭的概念，他們想跟所謂的家人（爸爸和媽媽）在一起。

芮士曼刻意把管理員太太表現得像是個媽媽，把那些耍賴想跟爸媽一起睡的孩子，帶回他們各自的房間睡。不過，小猩猩又再次成功溜出來，這使得作者想表達動物不該被關起來的觀點有了平衡。這種希望動物自由、被疼愛的內在聲音，其實也與那顆粉紅色氣球一路呼應著：氣球本來被綁在籠子裡，但在門打開後，獲得了自由，一路飛上天。

因此，當我讀到芮士曼的內在聲音，也認同她的動物觀時，我跟孩子讀完書後，就更能掌握如何和孩子深刻討論。我會問他們，動物們喜歡在籠子裡或出來籠子外面？想一想，若是你一個人被關在籠子裡，是孤單還是快樂？小書名頁跟版權頁的小猩猩，都沒有籠子，可以自由玩樂，哪一種感覺比較好？管理員跟太太喜不喜歡這些動物？他們的關係像不像是一家人？（這可從他們客廳牆上的照片找到關聯）故事的哪一段讓你想笑？哪裡最好笑？哪一段讓你感覺很棒、很溫馨？

當我跟孩子討論得夠多夠徹底，我便在幫孩子逐漸進入評論鑑賞者的立場，去感受與觀察作者的內在聲音：「作者希望人類愛動物，可以像愛自己的小孩一樣。」如果可以透過這本書和孩子一一討論，小讀者便有著豐富的語言對話、趣味享受、積極覺察、深度同理、密集思考、分析評鑑和深刻反省的閱讀旅程了。

親子共讀範例7

《母雞蘿絲去散步》

利用預測讓孩子變成小偵探、重述故事並練習說長句

《母雞蘿絲去散步》
圖．文／佩特．哈群斯；上誼文化公司（2016）

看過前面幾個例子，我相信你現在已經可以抓到訣竅，引導孩子盡可能享受作者費心建構的細節與深義。帶孩子一邊說故事、一邊做預測，是互動最重要的部分，《母雞蘿絲去散步》在這方面，是很好解說與應用的範例。這個故事的結構跟《晚安，猩猩》類似，都是利用讀者的全知觀點，來凸顯事件發生時因不同角色有未知、局部知道或全知等不同視角，對掌握事件發生的先後不同而有了趣味。

大：我們來讀這本《母雞蘿絲去散步》好嗎？你在書上看到什麼？

小：房子、母雞、樹，還有狐狸。

大：嗯，書名說「母雞蘿絲去散步」是什麼意思呢？

小：這隻母雞要去散步，她的名字叫蘿絲。

大：啊，原來這隻名叫蘿絲的母雞要去散步！好，翻過來，小書名頁上出現什麼？

小：狐狸跟母雞。

大：嗯，所以是講他們兩個的故事嘍？好，再翻過來，又是一個小書名頁，寫著「母雞蘿絲去散步」，告訴我們作者的名字叫佩特·

哈群斯，這頁有比剛剛那一頁更大的圖畫，你看到了什麼？

小：我看到車子、兔子、山羊、稻草、樹、花、房子……

大：比剛剛書封上看到的圖還多得多，這裡看起來是個農場，農場是養很多動物的地方，那母雞蘿絲住在哪裡呢？

小：這裡的小房子。

大：對了，這是母雞蘿絲的房子，房子的門開開的呢！

小：她等一下就要出來散步了！

大：嘿嘿，你記得書名告訴我們母雞蘿絲要去散步，好棒！嗯，散步的時間快到了。（翻頁）你看，母雞蘿絲真的從她的房子走出來了，她往哪裡走呢？

小：這邊，右邊。

大：對，她往右邊走。喔喔，她的房子下面發生什麼事？

小：房子下面躲了一隻狐狸。

大：對啊，躲了一隻鬼鬼祟祟的狐狸。你覺得那隻狐狸想要做什麼？為什麼要躲在蘿絲後面？

小：他要抓母雞蘿絲，想要吃掉她。（如果孩子不知道狐狸會吃母

雞，也不需要一下就說破，讓他慢慢自己猜）

大：對喔，你看他舌頭伸出來，口水都快流出來了。狐狸躲得很小心呢，他如果想抓母雞，就不能讓她發現，要偷偷摸摸靠近她，對吧？等狐狸夠靠近母雞了，狐狸就可以怎麼樣？（可以做跳起來的動作，暗示孩子）

小：跳起來抓住母雞。

大：嗯，狐狸應該會跳起來抓住母雞，哇，我開始緊張了。（翻頁）嘿，真的呢！發生什麼事啊？

小：狐狸真的跳起來了，他跳得好高，啊，可是這裡有一隻尖尖的……

大：是一隻尖尖的耙子，那是農夫用來耙稻草或樹葉的耙子。就在「她走過院子」（大人可以指著文字唸讀）的時候，後面的狐狸後腳用力一跳，正跳起來要撲向母雞了。但是你

發現事情不大對勁，對吧？

小：對啊，狐狸可能會跳到這個耙子上，被尖尖刺到會很痛喔……

大：（翻頁）啊，你太棒了，完全猜對了。他真的踩到尖尖的耙子上，而且耙子的把手就怎麼樣？

小：耙子的把手彈起來，打到狐狸了，哈哈。

大：哈哈，狐狸跳得很用力，彈起來就愈大力。你覺得狐狸痛不痛？

小：很痛啊。

大：狐狸真倒楣。這個時候，母雞蘿絲知道發生什麼事嗎？

小：好像不知道，她繼續走。

大：嗯，她好像沒發現，繼續往前走呢。那要是母雞不知道，你覺得狐狸會因為很痛，就放棄抓母雞蘿絲的念頭嗎？

小：不會／會。（因著孩子的猜測和他討論、做引導）

大：嗯，要是他肚子很餓，應該不會輕易放棄吧？（翻頁）果然，他又怎樣了？

小：他又追上去了，而且又跳起來要抓母雞了。

大：對啊，他沒有放棄，追了上去，後腳用力一蹬，又跳起來了。

這時候，母雞繼續看著前面的路「繞過池塘」。後面的狐狸已經跳起來了，你覺得狐狸這次會成功嗎？

小：看起來，狐狸快抓到他了／可能會掉進池塘喔。

大：你好棒，觀察得很仔細，母雞很靠近池塘，狐狸跳起來之前，沒看到前面有池塘，又跳得那麼高，根本來不及煞車了。

小：或者，他可能有看到，但覺得自己不會掉下去。

大：嗯，也有道理，就像你每次在床上跳來跳去，以為自己不會掉下去，可是一不小心跳得太用力，就滾到床下一樣！

小：呵呵，太用力跳，身體就會停不住嘛。

大：對啊！不過，他也可能跳得剛剛好，把母雞抓住喔！

小：嗯，可能抓住，然後兩個一起掉到水裡去，然後……（如果孩子有所聯想，就讓孩子盡情發揮自己想像的劇情）

大：不過，這時候母雞蘿絲好像還是不知道發生什麼事，你覺得有沒有其他動物知道狐狸要抓母雞？

小：這兩隻青蛙、小鳥、蝴蝶都有看到。

大：你現在是小偵探了，好厲害！你看，這兩隻青蛙對著狐狸，前腳都舉起來了，他們看到狐狸正撲過來，可能也被狐狸嚇到了吧。快來看看到底會怎樣，（翻頁）哎呀，發生什麼事？

小：狐狸掉到池塘裡了！哈哈哈，兩隻青蛙跳得好高！

大：哈哈，狐狸真的噗通一聲掉到池塘裡了，兩隻青蛙嚇一大跳，彈得好高。

小：可是母雞還是在散步。

大：對啊，母雞剛好走到樹叢裡，沒有被水潑到，一樣自由自在的散步，真是好笑。咦，剛剛的小鳥跟蝴蝶呢？

小：嚇一跳就都飛走了！

大：沒錯，要不是青蛙沒翅膀，不然青蛙應該也嚇飛了才是。那這隻狐狸掉到池塘全身溼答答的，心情會好嗎？

小：不好，他一定覺得自己好衰。

大：嗯，好端端的，抓不到母雞還掉到水裡，心情哪會好呢？他一定覺得自己好倒楣、運氣真差，但你覺得狐狸會放棄嗎？

小：不會。

大：為什麼？

小：因為他肚子餓啊。
大：對啊，狐狸倒楣了兩次，應該會更想抓到母雞吧！所以我猜，他會從池塘爬起來甩甩身體、把身體弄乾，然後怎麼樣？
小：然後快去追母雞蘿絲。
大：沒錯，然後快去追母雞蘿絲，快啊！（翻頁）母雞蘿絲走遠了，她走到哪裡了？
小：小山、草堆。
大：嗯，這時母雞蘿絲「越過乾草推」，走到乾草堆上面了。乾草堆附近有什麼動物呢？
小：有一隻山羊，跟兩隻小老鼠。狐狸追過來又跳起來要抓母雞了。
大：對，狐狸趕上母雞，他後腳一蹬，用力跳，又撲向母雞蘿絲了。你看，誰看到了？
小：山羊跟小老鼠都看到了。
大：他們都看到了，只有誰不知道？
小：母雞蘿絲。

大：對啊，狐狸都已經撲過來了，你猜會怎樣？

小：可能會抓到、可能不會……

大：嗯，我們來想想，你覺得狐狸重？還是母雞重？

小：狐狸比較大隻，應該比較重。

大：嗯，因為乾草堆鬆鬆的很輕，母雞很輕，她可以走在上面。可是狐狸身體很大，也很重，他又那麼用力跳，接下來可能會發生什麼事呢？

小：他會掉到乾草裡，然後母雞已經走下去了。

大：（翻頁）果然是這樣呢！你太厲害了！狐狸真的摔進乾草堆裡了。

小：哈哈，他的臉好好笑。小老鼠也被嚇跑了！

大：對啊，他的表情好好笑，一副「我怎麼那麼衰」的樣子。可憐的小老鼠也被嚇到了。山羊也看到了，就誰不知道啊？

小：母雞蘿絲啊！她一直往前走。

大：嗯，這隻母雞好專心在散步，可能在想什麼事情，都沒注意到有怪聲，一點都不知道狐狸要抓她。倒楣的狐狸會放棄嗎？

小：不會，一定更想抓到母雞。

大：我們快來看。（翻頁）她繼續走，又「經過磨坊」。磨坊就是放麵粉的地方，像這樣一袋一袋的麵粉，會先放在裡面。這時候，母雞走過磨坊了。然後呢？

小：狐狸躲在磨坊旁邊，山羊在這裡，有一隻土撥鼠看到狐狸了。

大：那隻山羊，是剛剛那隻山羊嗎？

小：是／不是。

大：我們翻回去看看（翻到小書名頁）你看，這就是有風車的磨坊。嘿，你看，母雞從哪裡走到哪裡呢？

小：母雞經過池塘、乾草堆，走到磨坊。

大：對了，母雞繞過池塘，越過乾草堆，來到了磨坊。好，我們回來剛剛的地方（翻回來），所以這隻山羊就是剛剛那隻，沒錯吧？你有看到乾草堆變得不一樣嗎？

小：乾草堆被狐狸壓得變矮一點了。

大：太棒了，你有注意到，真厲害。那這一頁，還有其他怪怪的地方嗎？

小：母雞的腳被線弄到了。
大：對呢，她的腳被線纏住了。那母雞蘿絲知道嗎？
小：現在還不知道。
大：母雞蘿絲若不知道，接下來會發生什麼事呢？
小：可能她被線卡住，狐狸就終於抓到她啦……
大：這樣可就幫狐狸一個大忙了！你看這條線本來是綁在這裡，然後線的另一頭綁著麵粉袋，麵粉袋掛在這裡。如果母雞沒有被絆倒，她的腳用力一扯，線有可能會怎樣呢？
小：線可能會從這裡斷了或鬆了。
大：那要是線鬆了，麵粉袋會怎麼樣？
小：線鬆了，麵粉袋會掉下來，就剛好打到狐狸了。哈哈！
大：（翻頁）喔喔！你太厲害了，麵粉真的撒下來了。你看，原來綁在這裡的線真的鬆開了！
小：麵粉袋破掉了，粉粉掉出來壓住狐狸了。
大：他的運氣真不好。你看，遠遠的那隻山羊為何轉頭呢？
小：因為他看到了啊，他知道狐狸要抓母雞。

大：對呢，所以山羊跟土撥鼠都看到了。可是母雞知道嗎？

小：不知道，她繼續散步。

大：嗯，蘿絲是一隻專心散步的母雞。狐狸這時候氣不氣呢？

小：很氣，而且又更餓了。

大：那你覺得他會放棄嗎？

小：不會。

大：為什麼？

小：因為他更生氣就想抓到母雞。

大：（翻頁）哎呀，果然，當母雞從這個小洞「穿過籬笆」時，狐狸又……

小：狐狸又追過來、跳起來，這次他跳得好高。

大：這個籬笆的縫隙很小，狐狸也穿不過去。他心想，這次一定要成功抓到母雞蘿絲，所以用了很多的力氣跳起來。你猜，他會繼續倒

楣嗎？會發生什麼事呢？

小：他會撞到這個車車。（孩子應該略懂故事的結構，會自己找線索了）

大：你好會猜，另一臺車上又有好多包麵粉，也許他又要變成麵粉狐狸了。

小：哈哈，然後跟著車滾下去。

大：嘿，果然是這樣呢！狐狸沒掉到麵粉那臺，但真的掉到這臺車子上了。糟了！

小：車子如果滾到這邊會撞到母雞喔。

大：對耶，好緊張，快來看母雞會不會被撞到。（翻頁）結果呢？

小：沒有撞到母雞，她已經走到房子下面了，然後狐狸撞到房子了。

大：啊！母雞穿過一排房子，這是誰的家，你有看到嗎？這一隻一隻黑黑的是蜜蜂，原來是蜜蜂的房子。母雞小小的，所以從蜜蜂的家下面穿

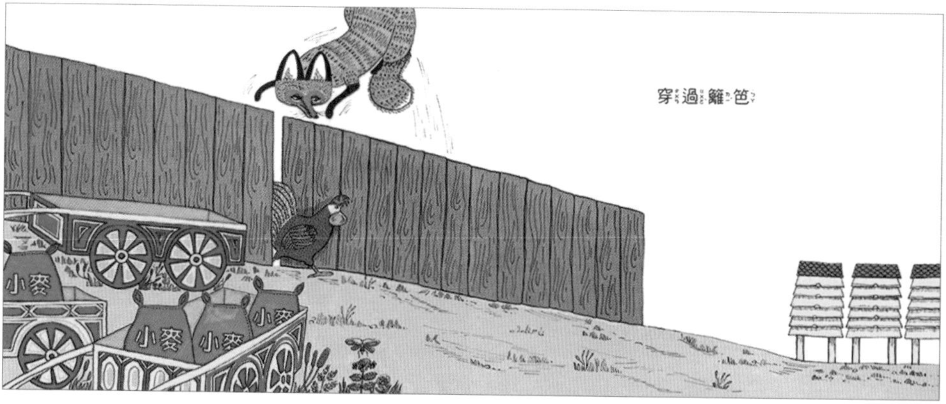

過去，但狐狸跟車子整個撞上去，把房子都撞倒了。

小：那母雞蘿絲會被壓扁嗎？

大：有可能喔，她可能會被房子壓到。蜜蜂的家被撞得東倒西歪，蜜蜂都飛出來了。蜜蜂生不生氣啊？

小：蜜蜂當然很生氣。

大：那蜜蜂要找誰算帳？是誰撞壞他們的房子的？

小：是狐狸撞倒蜜蜂的房子，蜜蜂會去叮狐狸。

大：（翻頁）嘿嘿，來，你告訴我發生什麼事！

小：蜜蜂全都飛出來了，好多好多蜜蜂追著狐狸，狐狸跑得好遠好遠。

大：哈哈，狐狸真是太倒楣了，這裡大概有幾百隻蜜蜂吧，狐狸如果跑得比蜜蜂飛的慢，就要被叮得滿頭包了。那母雞蘿絲知道嗎？

小：還是不知道。

大：對啊，她還是很專心散步，而且她剛好也散完步了，「按時回家吃晚飯」。你猜，這時候，狐狸在做什麼？

小：被蜜蜂叮得哇哇大哭、可能跳到河裡躲起來……

大：結果母雞蘿絲按時回家吃晚飯，狐狸都沒吃到他的晚飯呢！故事講完了！（翻回畫有農場全景的小書名頁）真是有趣的故事，你喜歡嗎？

小：好好笑、喜歡。

大：母雞蘿絲傍晚在農場散步，發生了那麼多事情，她竟然都不知道！你還記得發生哪些事嗎？（陪著孩子看著農場全景圖，回憶並重述事件）

鼓勵孩子重述，強化記憶與口語能力

我們前面說過，語言是嬰幼兒腦部發展重要的食糧，不斷跟孩子對話，便是在協助他們的腦神經發展。而語言要成熟、思考要充足，必定還要鍛鍊他們的記憶力。因此，和孩子進行互動閱讀時，除了透過不斷對話享受猜測與印證的過程，若能盡量不著痕跡的拉長記憶，對他們的思考會很有助益。

講完這場只有旁人知道的驚險記，和孩子一起驚嘆「母雞蘿絲去散步，卻不知道發生了好多事」後，再追問孩子：「你還記得發生哪些事嗎？」他就會躍躍欲試，想重整事件發生的順序，而小書名頁上的農場全景地圖，正好有現成的鷹架幫助他重建劇情順序。大人只要適當的引導，孩子就能自己從頭到尾再講一遍故事。

在愉悅的氣氛下鼓勵孩子重複故事，除了幫助他回溯、催促記憶機制的運作，也是讓孩子練習講比較長與比較完整的句子。這對剛牙牙學語的孩子來說，比較困難，若他們只能用單字或單詞應答，大人並不用急著揠苗助長，多陪他講幾遍就好。只要孩子的萌發期一過，開始展現豐富的口語能力時，大人就可以引導孩子講比較長與完整的語句了。

例如，當大人問：「母雞蘿絲走遠了，她走到哪裡了？」小孩很可能還習慣簡答「乾草堆」，或者孩子對乾草堆一詞陌生時，大人可欣然接受他標物式的答案。但如果孩子已能應付長句，便可多鼓勵他重複說出「母雞蘿絲越過乾草推，走到乾草堆上面了」這樣的完整句子。

光是一句話，孩子講出的字數，有鼓勵跟沒鼓勵的差別，就相差十幾個字。

可以想像，一個習慣講完整句子的幼兒，與只講單詞的幼兒，他們一天與一年口語輸出字彙量，會有多驚人的差異。所以，父母和孩子共讀時，只要不破壞氣氛，可以盡量鼓勵孩子講長一點的句子。

找線索預測，營造樂趣

除了上述幫助孩子擴展語言、記憶的功能對話，別忘了，預測與幽默的趣味享受，必定不可忽略。

由於這個故事的結構是母雞蘿絲逢凶化吉，且模式一再重複，孩子若前頭抓到訣竅，後面的劇情自然會主動找線索、做推測，並從中嚐到故事的幽默之處。

當我先跟孩子暗示，狐狸可能會跳起來抓住母雞，這麼一來，等翻到狐狸停在空中的下頁時，我就可直接問：「發生什麼事？」這時，孩子為了要詮釋動作延續的後果，會注意到地上的耙子。但如果孩子無法連結耙子的線索，大人就必須進一步引導，例如說：「嘿，他用力跳時，沒仔細看前面有什麼？」、「等他發現時還來得及嗎？他會發生什麼事呢？」像這樣，在第一個事發地點先建立找線索的引導，下個場景再出現時，孩子自然會主動依同個模式推想。

繪本的形式，做為綜合文學與藝術兩種文類的表現，特別之處就在於能利用翻頁的機制，來處理場景的分鏡與情節的懸宕，這使得讀者在閱讀時多了很多樂趣。

這本書的懸宕機制尤其發揮得淋漓盡致，狐狸騰空跳起的每一頁，都是一個懸宕，就像看電影看到關鍵時刻，卻被放映師按了暫停鍵一樣。

然而正因閱讀不是看電影，讀者必須停下來識圖解意，而有了跟電影不一樣的享受。

這本書裡每個懸宕的書頁都有相關線索，像是耙子、池塘、乾草堆、麵粉、綁線等，讓讀者得以連結到接續發生的情況，成了一局又一局給小偵探收集線索、解題推理的接龍遊戲。

另外，這本書有趣的地方還在於其中帶有諷刺意味的幽默感，母雞蘿絲並非因為她的聰明才智而擊退天敵，相反的，只是因為一連串的巧合與運氣，福大命大躲過一場劫難。

在共讀過程中，父母或許可以從生活中引用一些類似經驗，來讓孩子理解或添加趣味，例如「上次，你想從背後嚇爸爸，結果爸爸剛好爬起來，你就撲了空倒頭栽，記得嗎？」、「隔壁的狗狗，上次要抓貓咪，結果貓咪轉身一跳，跳到桌上，狗狗卻衝太快，直接砰的一聲撞上玻璃門」，來讓孩子領會生活中有些幽默，是在這種預先設定與實際發生有所落差時造成的，而這種笑料，往往是事不關己的旁觀者，才能享受出其不意的樂趣。

這本書雖然印刷字很少，但圖畫表現上，有很多場景可供親子對話與敘述，有很多懸疑、緊張的視覺敘述，讓孩子去解讀與猜想，並從中獲得樂趣與成就。

這必然是一本讀起來有很多驚呼與表情的書，要是親子共讀這本書時，兩人臉上線條沒有絲毫起伏，氣氛如入廟堂的莊嚴，那肯定是哪裡出錯了！

親子共讀範例8

《分享椅》

從猜想的樂趣中，發展社會心智能力

《分享椅》
圖／柿本幸造；文／香山美子；小天下（2015）

等孩子開始有行動與語言能力，會跟父母以外的人大量接觸，像是兄弟姊妹、鄰居、公園玩伴、幼兒園同學等，大人若察覺到相互較勁的意味，總得不斷跟孩子說「要分享、要分享」。但衝突發生的當下，這種指令式的語言因缺乏細緻的情境與脈絡，孩子多少會聽得不甘不願，很難內化為同理分享的心智能力。現在，有不少涉及這種社會性內涵的嬰幼繪本，很適合帶孩子共讀，像《分享椅》不但提供了分享的正向行為，也有動人的文藝美感。

大：我們今天來讀這本好嗎？書封上面有什麼？

小：小兔兔。

大：對，有一隻咖啡色的小兔子，他坐在哪裡呢？

小：椅子上面。

大：一隻咖啡色的小兔子開心坐在椅子上面。跟我說一遍，好嗎？

小：一隻咖啡色的小兔子開心坐在椅子上面。

大：你說的真棒。除了椅子跟小兔子，還看到什麼？

小：鐵鎚、釘子、木頭。

大：嗯，奇怪了，這些東西是要做什麼的呢？

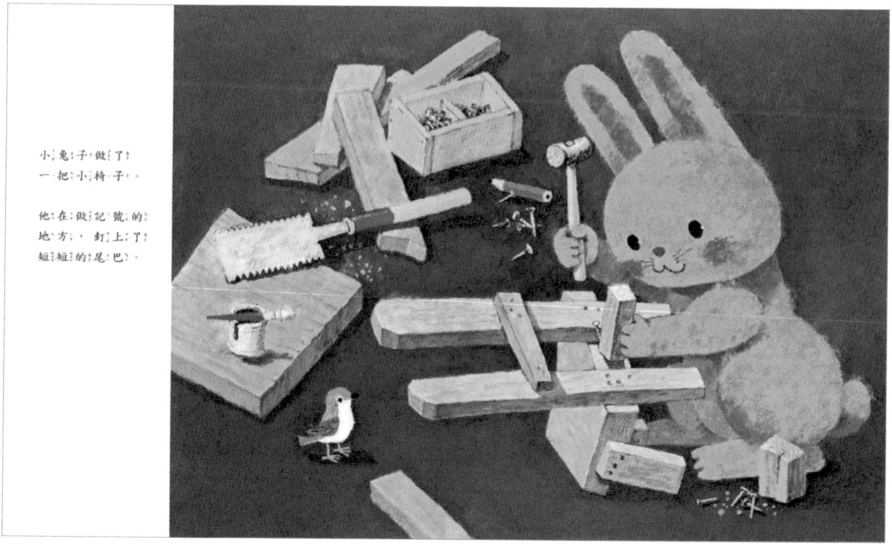

小兔子做了
一把小椅子。
他在做記號的
地方，釘上了
短短的尾巴。

小：他要做東西……（讓孩子發揮）

大：這本書叫《分享椅》，我們來讀故事吧。（翻頁）這椅子跟剛剛小兔子坐的椅子是同一張嗎？（翻回書封）

小：好像一樣，還有樹葉，一、二、三、四、五，五個樹葉。（也許孩子會先發現這張椅子有多出來的尾巴）

大：嗯，看起來像是同一張椅子，還有五片飄落下來的葉子。好，故事要開始嘍。（翻頁）小兔子出現了，他正在做什麼呢？

小：小兔子在做椅子，有一隻小鳥在看他做椅子。

大：對啊，小兔子會自己做椅子，真厲害，連這隻小鳥都很好奇！小兔子用了哪些東西做椅子呢？

小：鐵鎚、鋸子、釘子、木頭、油漆、鉛筆。（幫助孩子標物）

大：嗯，做椅子，要不少工具的幫忙呢！不過，他的椅子有些特別，跟我們看到的椅子有點不一樣呢！

小：是這個嗎？（引導孩子看到他正在釘的地方）

大：對啊，故事說：「小兔子做了一把小椅子。他在做記號的地方，釘上了短短的尾巴。」

小：哈哈，小兔子幫椅子釘上尾巴耶！

大：對啊，真有趣，他為什麼要幫椅子釘上一個短短的尾巴呢？

小：因為小兔子自己有一個短短的尾巴啊，所以椅子也要有一個短短的尾巴！

大：啊，有道理。你這麼一說，我覺得這張椅子還有一個地方也像兔子身上某個部位呢！

小：這裡，椅子後面的地方，像兩條兔子長長的耳朵。

大：你也發現了！椅子的靠背長長的，很像兔子的耳朵呢。所以小兔子做這張像兔子的椅子，是要給自己坐的嘍？

小：是吧／不知道，也可能是給別人、他的好朋友……（讓孩子發揮）

大：我們來看椅子做好了沒？看看是要做給誰坐的？（翻頁）嘿，椅子做好了沒？

小：做好了。

大：小兔子說：「完成了！這把椅子放在哪裡好呢？」小兔子想了想，立刻想到了一個好主意。於是，他又做了一面立牌。（讀印刷字的語調，與跟孩子對話的語調稍微做區別）嗯，立牌在哪裡呢？

小：這裡啊。（即使孩子不懂立牌是何物，會因此試著找畫面中多出來的物件）

大：對了，你好棒，立牌就是立起來的牌子，可以在牌子上寫字給別人看。這個立牌上面寫了一個「請」字，是要做什麼呢？（可以先跟孩子討論日常生活常中會用到「請」的情境）

小：可能是小兔子要請人家坐他的椅子。（孩子如果還猜不到也沒關係）

大：也許是喔。現在，小兔子做好椅子跟立牌，搬著它們正想著要放在哪裡好呢？（翻頁，或回到小書名頁，用落葉的線索讓孩子猜地點）

小：小兔子把小椅子搬到大樹下了，把立牌插在旁邊的地上。

大：喔，小兔子在椅子旁邊插了一個寫上「請」的立牌，那意思就是……？

小：請坐。

大：恩，就是邀請別人來坐了。你看，太陽好高好大，天氣一定很熱，還好這棵樹有很大的樹蔭，很適合在樹下乘涼，有誰正在乘涼啊？

小：小鳥在乘涼。

大：好多隻小鳥在休息乘涼，有幾隻小鳥呢？

小：有一、二、三、四、五，五隻小鳥，有一隻綠色的小鳥，跟四隻紅色的小鳥。

大：那隻綠色小鳥，我們剛剛好像有看過喲？

小：是剛剛陪小兔子做椅子的那隻小鳥。

大：嗯，他一定很好奇小兔子要把椅子搬去哪裡。可是，我覺得有點奇怪，小兔子怎麼沒有和小鳥一起乘涼呢？他好像要走了。

小：他放好椅子就要回家了。

大：放好椅子就回家了？我以為他要在樹下、坐在自己做的椅子上乘涼呢？

第一個
來到這裡的是
小驢子。
看到立牌上
寫著「請」，
小驢子說：
「哇！
真是貼心
的椅子呀！」
請

小：因為他是要「請」別人坐椅子乘涼，不是他自己啊！

大：喔，這樣啊！不是小兔子自己坐，是邀請別人坐呀。那我們來看誰會先發現他的椅子吧！（翻頁）啊！是誰呢？

小：驢子看到椅子了。（孩子如果不認識驢子，可能會說馬）

大：這隻驢子好像正在工作呢！

小：對啊，他揹著籃子，籃子裡有好多水果。

大：嗯，故事說：「第一個來到這裡的是小驢子。看到立牌上寫著『請』，小驢子說：『哇！真是貼心的椅子啊！』」嘿，小驢子知道有人很貼心的分享椅子呢，不知道小驢子會不會坐下來休息一下？

小：我覺得會，因為小驢子走路走很遠，走得腳很痠了。

大：嗯，我想也會，如果他走到很遠的森林去找果實，找完又揹籃子走很遠的路，那一定很累！（翻頁）哎呀，結果呢？

小：小驢子沒有坐椅子，他把籃子放在椅子上面，自己跑去樹下睡覺了。

大：唉呀！我們都猜錯了，「小驢子撿了許多橡實……於是，小驢子閉上眼睛睡著了。」（讀完印刷字）原來，小驢子很高興裝滿橡實的籃子有地方可以放著。橡實，就是橡樹的果實，是很多動物愛吃的果實，松鼠就很愛吃。（幫忙補充知識）

小：小驢子也很愛吃橡實。

大：對啊，小驢子採完一大籃橡實，在回家途中看見這把椅子，就把很重的籃子放下，自己坐到大樹下休息。樹下很涼，風吹啊吹，吹得他好舒服，一下就睡著了。

小：因為小驢子身體太大了，椅子太小了，他坐在樹下比坐椅子舒服。（孩子也許會自己解釋）

大：對啊，我怎麼沒有想到呢，你說的真有道理！驢子當然要去樹下坐比較舒服，我們來看小驢子醒來了沒？（翻頁）

小：哇，跑出一隻熊來，他看到椅子上的籃子了。

大：啊，結果小驢子午睡時，一隻大熊經過樹下。這隻熊手上抱的瓶子是裝了什麼東西呢？

小：熊熊愛吃蜂蜜，可能是蜂蜜。（如果孩子有這個知識，就讓他發揮）

大：嗯，看起來黃澄澄的，很可能是蜂蜜喔。那這隻熊除了看到椅子上裝滿橡實的籃子，還看到什麼？

小：小鳥跟旁邊的立牌。

大：立牌上寫著？

小：「請」。

大：真好，你記得牌子上寫的字。那這隻熊看到了立牌，會怎麼想？

小：他想說，有人請他吃橡實。（如果孩子一時無法連結也沒關係）

大：啊哈，「這時候，大熊來了。看到立牌上寫著『請』。」大熊就說：「既然寫著『請』，那我就不客氣啦！」大熊說這句話，是什麼意思啊？是要請他坐椅子？還是請他吃東西啊？

小：他會覺得這是人家請他吃的，他要開始吃橡實了！

大：哈哈，你真厲害，他以為人家請他吃橡實，就不客氣的準備大方享用了！（翻頁）「一下子，大熊就把橡實吃光光了。」

小：喔喔，可是那是小驢子的橡實。

大：就是啊，糟糕，那是小驢子辛苦撿的橡實。不過，大熊吃完橡實，還說了一句話，他說：「要是只留下空空的籃子，對後來的人很不好意思。」嗯，大熊雖然不知道那是小驢子的橡實，以為是別人請他吃的，但他又覺得不好意思，是為什麼呢？

小：因為後面來的人，就沒有東西吃了。

大：嗯，對，大熊覺得後面來的朋友，看到立牌上寫著「請」，卻看到籃子裡空空的沒有食物，他覺得這樣不大應該。（花點時間陪孩子理解大熊「不好意思」的原因，鼓勵他盡量講出比較完整的因果句子）你覺得大熊接下來會怎麼做？如果是你，你會怎麼做？

小：大熊可以再去撿橡實，或去摘其他的水果……

大：嗯，都是不錯的辦法，我們來看看大熊會怎麼做。（翻頁）結果呢？你看到什麼？

小：他把他的瓶子留下來，然後走了，小驢子還在睡覺。

大：對啊，大熊吃光橡實，覺得不好意思。「於是，大熊在籃子裡放了裝滿蜂蜜的瓶子。小驢子呼呼呼的睡著午覺，完全不知道發生什麼事。」嘿，真的是裝滿蜂蜜的瓶子喔，也許是大熊剛剛去採的新鮮蜂蜜吧！他把他最愛的食物留給後面來的人！嗯，我喜歡大熊這麼做，你喜歡嗎？

小：我也喜歡。

大：就像爸爸媽媽把他們最喜歡吃的布丁留給你一樣。你記得還有誰把他喜歡的東西留給你？

小：上次回阿公家，哥哥把他喜歡吃的餅乾留給我……

大：對啊！能想到別人，真好。被想到的人，也很幸福，對吧？你看，太陽現在的高度，跟小兔子把椅子搬來時的高度，好像不大一樣喔？（翻回去比較）

小：太陽掉下來一點點了。

大：對啊，太陽變低了，表示小驢子睡了好一會兒了，也許他很累吧，睡得很沉。好了，大熊都走了，我們來看小驢子會不會醒過來？（翻頁）結果呢？

小：結果狐狸來了，他看到大熊的蜂蜜瓶子。

大：狐狸的嘴巴張得好大，應該是看到蜂蜜很驚訝吧！故事說：

「大熊走了以後，狐狸來了，他手上拿著剛出爐的麵包，看到立牌上寫著『請』。」狐狸說：「既然寫著『請』，我就不客氣啦！」啊哈，接下來，你知道會發生什麼事嗎？

小：狐狸會把蜂蜜吃光光！

大：（翻頁）太棒了，答對啦，「一下子，狐狸就把蜂蜜舔光光了。」你看他吃得滿臉都是蜂蜜，一定很好吃吧！不過，吃完了，狐狸會不會想後面來的人怎樣辦？

小：後面來的人就沒得吃了，他會覺得不好意思。

大：沒錯，他也說：「要是只留下空空的籃子，對後來的人很不好意思。」所以呢？

小：所以，他就把他的麵包放到籃子去。

大：（翻頁）厲害，你也可以寫故事了呢！「於是，狐狸在籃子裡放了一條剛出爐的麵包。小驢子呼呼睡著午覺，完全不知道發生什麼事。」嘿，你有發現哪裡不對勁嗎？

小：狐狸本來有兩條麵包，他只放一條麵包在籃子裡。（孩子若一時沒發現，就翻回去前面兩頁，引導他自己發現）

大：對，他沒有把兩條麵包都留下。哼，這隻狐狸有點小氣喔。不過，他有留下一條，還算是有良心啦！

小：他可能想帶回去給他的家人吃吧！（小孩也很有同理心）

大：嗯，他自己吃飽了，但萬一家裡還有人沒吃飯，總要想到他們啊！哎呀，太陽都下山了，這隻小驢子還在睡！快醒來啊！（翻頁）

小：哇，來了好多松鼠！一、二、三、四、五、六、七、八、九、十，十隻松鼠。

大：你數得真好，是十隻松鼠，「狐狸走了以後，來了十隻松鼠，他們撿了很多很多栗子。看到立牌上寫著『請』。」結果松鼠說：「我們吃了好多栗子，但是還沒有吃到麵包，既然寫著『請』，那我們就不客氣啦！」所以會發生什麼事呢？

狐狸走了以後，
來了十隻松鼠，
他們撿了
很多很多栗子。
看到立牌上
寫著「請」，
松鼠說：
「我們吃了
好多栗子，
但是還沒有
吃到麵包。
既然上面
寫著『請』，
那我們就
不客氣啦！」
請

小：松鼠們會把麵包吃光光。

大：沒錯。「不一會兒，十隻松鼠就把麵包吃光光了。」你看，松鼠們也邀請那隻小鳥一起分享麵包呢！吃完麵包呢？接下來他們會怎麼說？

小：「要是只留下空空的籃子，對後來的人很不好意思。」（帶孩子一起說）

大：太好了，他們就是說：「要是只留下空空的籃子，對後來的人很不好意思。」所以，小松鼠會怎麼做？他們剛剛撿了很多什麼？（孩子忘了，就給予提示或往回翻頁）

小：他們會把撿到的栗子放到籃子去。

大：（翻頁）就是這樣。「於是，松鼠就在籃子裡放滿了栗子。」咦，發生了什麼事？

小：小驢子醒來了！

大：小驢子終於醒來了，小鳥看到他在伸懶腰了。不知道他會不會發現籃子裡的東西不一樣了？

小：可能會／可能不會喔。（跟孩子討論一下個別的原因）

大：快來看小驢子會不會發現（翻頁），「驢子醒來說：『啊……好像睡得有點久呢！』小驢子揉了揉眼睛，看著籃子說：『咦？難道橡實是栗子的小寶寶？』竟然有這種事！看來午覺睡得太久，橡實已經長大了。」小驢子講這些話，是什麼意思呢？

小：小驢子以為橡實是栗子的小寶寶，他睡一覺後，橡實就長大變成栗子了。小驢子好好笑！（如果孩子不能一下明白驢子犯的謬誤，就協助他慢慢理解）

大：呵呵！那橡實是栗子的寶寶嗎？

小：不是啦！小驢子在睡覺，不知道他的橡實被大熊吃掉了，也不知道後來發生的事，橡實跟松鼠放的栗子長得很像，他才會這樣以為。（盡量幫助孩子自己兜出前後因果）

大：那有誰知道小驢子睡覺的時候發生了這麼多事情？

小：我們跟這隻小鳥啊。

大：對啊！小鳥跟我們都知道呢，連小兔子都不知道，他做的分享椅竟然發生了這麼多有趣的事！（翻到最後一頁）你看，太陽真的下山了，大家都回家了，大樹下只剩下什麼？

小：分享椅、立牌跟大熊的蜂蜜罐子。

大：這真是一把很特別的「分享椅」，對吧！不但有尾巴，而且它分享了很多好吃的東西呢。你還記得總共分享了哪些東西嗎？

小：橡實、蜂蜜、麵包、栗子……

大：你喜歡這個故事嗎？為什麼呢？最喜歡哪裡？

美麗的誤會，讓分享的意義更深刻

這本書的文字量頗多，不過因為具有重複性，大人只要多讀幾遍，孩子就能熟悉語意跟句型。共讀這本書的樂趣，在於作者凸顯一字的多義性，讓讀者在開頭時連續猜錯而有所驚喜。也因為如此，其中一些轉折的前因後果比較複雜，有些地方可能要大一點的孩子比較能理解。

小兔子原本的善意，是做一把椅子讓認識與不認識的朋友可以享用。而一般人也會以為「請」配上一把椅子，是邀請他人坐在椅子上的意思。只是沒想到，事情的發展陰錯陽差，不是動物們坐在椅子上，而是「食物」坐在椅子上，「請」一字變成了「請吃東西」的意思。

這故事有意思的地方，在於「請坐」雖然變成「請吃」，但小兔子原來設想「分享」的用意，不但沒有受損，還因此發揮得更深刻。動物們從立牌上感受到邀請的善意，因此他們在接受別人的善意後，也想把自己的東西分享出去。這份傳遞的心意，是這故事最美麗的地方。而讀者和故事裡的角色們一樣，都因為對字詞與情境的理解與原先設想有所差異，而擦撞出趣味來，成為這故事悅耳的弦外之音。

在共讀的對話示範中，大人拋出許多提問，一方面是讓孩子自行找出文圖的關聯，並以現有線索整合故事的前因後果，一方面大人也要利用問答來確認孩子的專注與理解程度。在這一來一往中，大人便能針對孩子的回覆，隨時進行引導的補充或修正。

讀完「一個小善念啟動一連串好事發生」的故事，大人除了可以運用先前提到的一些策略，跟孩子討論或讓孩子重述事情發生的序列，也可利用劇情的變奏，進一步深化「分享」的意義。例如，可以問孩子：「如果兔子一開始沒想到多做一個寫著『請』的立牌，那會發生什麼事呢？」、「在沒有立牌的情況下，如果大熊來了，他會不會吃橡實？」、「如果大熊把橡實吃光了，他會不會把蜂蜜瓶子留下來？」、「如果沒有食物出現，大家只是路過坐坐椅子乘涼，這樣跟有食物加入的『分享』有什麼不同呢？」

像這類假設的問題，都觸及了人與人之間細膩的設想與反饋行為，值得父母視孩子能力和他們繼續討論。孩子可能會說：「沒有立牌，小驢子會以為撿到一把椅子，就拿回家了。」但也可能說：「小驢子會想說，是誰忘了把椅子帶走，就在那裡看著椅子，等它的主人回來。」大人給出不一樣的情境設定，必定會啟動孩子說故事的興趣，這時大人就可順著孩子的思緒，往「分享」的方向發展出新故事，像是：「小驢子碰到大熊，又碰到狐狸，然後他們就一起野餐，分享彼此的食物，直到小兔子來了……」、「要是一開始小兔子沒有做立牌，大熊路過就把橡實吃光了！」那又是另一個有趣的故事起頭。

幼兒若常有聽故事的經驗，要他們編故事並不難。但大人若想要扣住「分享」主題，就得協助他們在天馬行空的發想中，適時拉回來，提醒他們：「那要怎麼做到『分享』呢？」、「故事怎樣說，那把椅子才會是『分享椅』呢？」這樣，親子在創造性的發想與討論中，孩子移情的同理心才能同時獲得內化與增強。

結語

嬰幼閱讀
是全民基礎建設

我長年旅居英美，當中我回臺推廣閱讀的兩、三年間，剛好是五個姪子的嬰幼兒時期。我知道自己能陪伴他們的時間有限，為了讓自己在孩子心裡留下難忘的印記，我決定在幾方面努力衝刺，很快就成功樹立我的形象招牌。他們一致認為我是「很會做鬆餅、奶茶，又很會說故事的小姑姑」，我還會要求他們外加「無人能取代」五個字。

那幾年我有比較多時間待在臺南，這些小男生只要一回到爺爺奶奶家，便立刻衝到三樓找我。他們會去書架選一本書再窩到我身上，半撒嬌半命令的說：「姑姑，我要聽故事！」他們還小時，每一個都經歷過為了想聽故事而決定自己爬樓梯的歷險記。我常被他們冒險的勇氣感動，而我知道，這是我唯一可以給他們生命的珍貴禮物，所以不管我在忙什麼，從不拒絕，一定放下手邊的事，為小小孩開講。他們總是一本要過一本，我則看著他們一個個變成了小小吸墨鬼。

兩個最小的姪子是七個月大就早產的雙胞胎，凡事有自己的進程，有些事學得比別人優雅緩慢些。然而他們對「聽故事」這件事可沒半點讓步，一樣展現如初見日出般的新奇。他們還只有幾個月大時，只要一哭鬧，家中大人就會喊：「小姑姑快來說故事！」只要我

一開始說故事，他們倆就彷彿被點了穴安安靜靜聽著。雙胞胎即使大一點，會跑跳、玩玩具、吵架、做很多事了，只要我一喊「姑姑要說故事嘍！」遠在沙漠或太平洋的慢學雙胞胎，不管正在拓荒或破浪，都會立刻棄車拋船，以海陸戰士跑百米的速度衝到我身旁，瞬間變成癱軟的暖暖包依偎著我。每讀完一本，一定會發出嬌柔的「還要，還要」。

說故事時，大人與孩子彼此藉由肢體、眼神與語言，在感性與知性的雙軌上迅速交流，其豐富滿溢可比擬小情人關係。小小孩儘管還無法用言詞充分表達他們的心情，但因為說故事時，知道你對他們是百分百的接納與愛護，因此會出現許多平常不會有的親暱動作。他們用貼臉、捏耳、親吻來告訴我，有多喜歡我這樣為他們說故事。

當我一對多說故事時，他們會互相爭寵，搶坐在我身上。雖然他們也很享受堂兄弟一起聽故事的團體氣氛，但有趣的是，我發現他們都會個別偷偷來找我，希望獨享我的專人服務。我漸漸明白，當我一對一講時，孩子有著森林之王的尊榮，彷彿我是他的森林，簇擁著他，讓他聆聽林中風中的各種動靜。

我用互動閱讀法，和孩子建立了獨特的友誼關係，他們知道聽我

說故事很不一樣，我對待他們的方式，既有引領，也有平等關係，既給他們挑戰，又讓他們享受樂趣。事實上，我常扮演接受姪兒指導解惑的角色，甚至常自嘲，逗他們大笑。這使得姪兒好幾次使用天真無邪的特權，對著他們的父母誠實說出：「你們不會講啦！」、「姑姑講的才好聽！」這種毫不留情的話來。為此，我的弟媳還懷者雪恥的心情去報名故事志工的培訓課。

孩子是天生愛聽故事的生物，如果他們只接觸一種說故事法，大抵無從選擇，若沒有恐怖陰影造成他們強烈的排拒，也只好默默接受。但只要有不同的故事講法，讓他們感受到差異，他們肯定會選邊站。說好故事的訣竅不難，最重要的是懂得把孩子當成主體。我常跟志工或父母說，要不斷提醒自己避免這種通病：

大：「這個叫什麼？」

小：「……」（搖頭）

大：「你怎麼可以忘記呢，我們昨天才講過，你都不專心。以後不講故事了。」

大：「小朋友都要去上學的，對不對？」
小：「對。」
大：「小朋友上學要認真。不可以哭。不然會被老師罵。要記得喔！」

我們可以想像，這樣聽故事的孩子不但沒機會開口練習說話，對於嘗試表達也會感到畏縮。所以說故事的過程中要盡量鼓勵他們反應、說話，如此，像小西塞羅展現出「獨立讀者的主體性」才會逐漸形成。

另一方面，孩子成長的速度像河裡的暗流，有時快得讓人措手不及，如果孩子突然有一天對你說：「媽媽／爸爸，今天我想聽你說故事就好了。」那你千萬別再說「可是佳慧姊姊說我們要互動」來強求。孩子要是突然只想「聽」故事，必定有他的原因，大人就趁機享受自己演說故事的機會，也不會有什麼損失。由你一人演說，賦予故事豐富的描述、語調、詞彙或隨興的戲劇性演出，孩子也因此有機會成為欣賞你的評鑑專家。等你說完故事，再順著當時氣氛邀他一起討論故事情節或分享，也是很好的共讀互動。

孩子年紀愈大，愈了解故事與書的形式，會因為某些因素，有時只想當個單純的聽者。我曾講過一本近六十頁的野狼繪本，因為故事的文字多、節奏快、內容緊張又懸疑，我講得口沫橫飛。那時正在讀幼兒園大班的大姪子就堅持要全然享受其中，只要聽我講就好。

我講完一遍，他又立刻要求我重講一遍，我當時對於他的反應與要求，頗為好奇。後來我哥哥事後跑來問我：「妳是怎麼做到的？他竟然拿書衝過來對我說：『把鼻我跟你說，這本野狼書一點都不恐怖，超好笑又超好看！我講給你聽。』然後他就興奮的從頭講到尾，我第一次看他這樣。」那時，我才明白大姪子要我獨自講演故事的用意，是因為他想記住故事的文字敘述，並學好如何掌握緊張的氣氛。

自從我二〇一四年出版《用繪本跟孩子談重要的事》後，到現在依然收到許多父母老師的感謝來函。他們告訴我，按照我的分析與建議和孩子深入討論後，沒想到連學齡前或低年級的孩子，都有許多超乎他們預期的回應和討論交流，這讓他們感到驚喜又不可置信。這就像我時常受邀到學校去跟孩子說故事或談書時，在旁觀訪的老師與故事志工們，看到學生因為我的引導表現出超乎預期的反應一樣。

然而我一直都這樣相信孩子的能力，也希望讓更多大人和我一起相信，不是孩子做不到，是我們還做得不夠好。因此，我希望這本從學理、實務與範例談嬰幼閱讀的書，能再次說服大家，不論是親子情感、個人的認知發展、社會性的心智發展，乃至社會家國家或世界責任的承擔，嬰幼閱讀在這張浩瀚的藍圖上，占有無可取代的一席之地。而這張藍圖，還需要更多的組織與層面推動，促成更完整的建制，目前臺灣的圖書館系統雖然已經動起來，但仍需要更多的雄心壯志。而醫療系統與幼托教養兩大體系，勢必是下個階段努力的對象，以拼好藍圖上鬆散的區塊。

如果說，道路是一個城市讓人連結他人、通往他處的基本公共建設，那麼嬰幼閱讀，必然是這個全民基礎建設中，雖然看不見，卻是最溫柔、細微、堅固，也是最四通八達的道路。

孩子長大的鐘錶，無時無刻滴答作響著，開路工程刻不容緩，讓我們全力鋪設這條閱讀之路吧！

教育教養 BEP030A

親子共熬一鍋故事湯

幸佳慧帶你這樣讀嬰幼繪本，啟發孩子的語言思考力、閱讀力、創造力

國家圖書館出版品預行編目(CIP)資料

親子共熬一鍋故事湯：幸佳慧帶你這樣讀嬰幼繪本,啟發孩子的語言思考力、閱讀力、創造力 / 幸佳慧作. -- 第一版. --
臺北市：遠見天下文化, 2016.08
面； 公分. -- (教育教養；BEP030)
ISBN 978-986-479-066-1(平裝)

1.育兒 2.親職教育 3.閱讀指導

428.83　　105015471

作者 — 幸佳慧

總編輯 — 吳佩穎
責任編輯 — 陳孟君
封面設計 — 蔡南昇
內頁美術設計 — 連紫吟、曹任華

出版者 — 遠見天下文化出版股份有限公司
創辦人 — 高希均、王力行
遠見・天下文化・事業群 董事長 — 高希均
事業群發行人／CEO — 王力行
天下文化社長 — 林天來
天下文化總經理 — 林芳燕
國際事務開發部兼版權中心總監 — 潘欣
法律顧問 — 理律法律事務所陳長文律師
著作權顧問 — 魏啟翔律師
地址 — 台北市 104 松江路 93 巷 1 號 2 樓

讀者服務專線 — 02-2662-0012 ｜ 傳真 — 02-2662-0007, 02-2662-0009
電子郵件信箱 — cwpc@cwgv.com.tw
直接郵撥帳號 — 1326703-6 號　遠見天下文化出版股份有限公司

製版廠 — 中原造像股份有限公司
印刷廠 — 中原造像股份有限公司
裝訂廠 — 中原造像股份有限公司
登記證 — 局版台業字第 2517 號
總經銷 — 大和書報圖書股份有限公司　電話／ (02)8990-2588
出版日期 — 2021/4/1 第二版第 5 次印行

定價 — NT360
4713510945537
書號 — BEP030A
天下文化官網 — bookzone.cwgv.com.tw

天下文化
BELIEVE IN READING